中国传统建筑装饰艺术

华表·牌楼

韩昌凯 著

中国建筑工业出版社

图书在版编目（CIP）数据

华表·牌楼／韩昌凯著. —北京：中国建筑工业出版社，2009
（中国传统建筑装饰艺术）
ISBN 978-7-112-11375-0

Ⅰ. 华… Ⅱ. 韩… Ⅲ. 古建筑-建筑装饰-中国 Ⅳ. TU-092.2

中国版本图书馆CIP数据核字（2009）第171187号

策　　划：张惠珍

责任编辑：张振光　杜一鸣

装帧设计：朱　锷

责任设计：崔兰萍

设计制作：李　婷（朱锷设计事务所）

责任校对：袁艳玲　陈晶晶

中国传统建筑装饰艺术

华表·牌楼

韩昌凯　著

*

中国建筑工业出版社出版、发行（北京西郊百万庄）

各地新华书店、建筑书店经销

北京画中画印刷有限公司印刷

*

开本：880×1230毫米　1/16　印张：10　字数：320千字

2010年3月第一版　2010年3月第一次印刷

定价：68.00元

ISBN 978-7-112-11375-0

（18623）

目录

概述

华表又称表木。华表和牌楼本来是两种不同形式的古代建筑，但是他们却有着不可分割的历史渊源。早在尧、舜时期便已有了“表”，这是尧为征集民众意见而设立的木杆，古籍中有：“尧设诽谤木，今之华表木也”，其形是在木头柱的顶部安放一块横木，设置在弹室的门前或交通要道上，以体现君王向民众纳谏的诚意。华表在汉代时称桓表或衡表，衡者桁、横也。华表是中国传统的标志性和纪念性的建筑物。

牌楼又名牌坊或坊，最早称衡门、乌头门，是居住区的出入口，是表和门的结合。表和坊的历史演变可以追溯到三千年前的周代，《周礼》中的祭祀活动远比战国时隆重。随着奴隶制的逐渐消亡，远古的祭祀活动“礼崩乐败”。在春秋战国期间表和坊由祭祀形式演变为生活方式。诸侯各国的都城多是以“闾里”为单位居住的。二十五家为一闾，每一闾中都设有可以随时发表意见用的“弹室”，在每个“弹室”的门前都要竖有两根木杆，每根木杆上斜插一根短横梁。这是为了方便居民随时都能挂“举报信”或“弹劾表”的。这就是由竖立的表杆最后发展为“华表”的“诽谤木”。《说文解字》按“放言曰：谤，微言曰：诽。”晋·崔豹《古今注·问答释义》载：“程雅问曰：‘尧设诽谤之木，何也？’答曰：‘今华表木也，以横木交柱头，状若花也，形似桔槔，大路交衢悉施焉。或谓之表木，以表工者纳谏也，亦以表识肠路也’。”立表和建坊成为封建社会的管理手段，一直延续到封建社会的消亡。（参见001、002图）

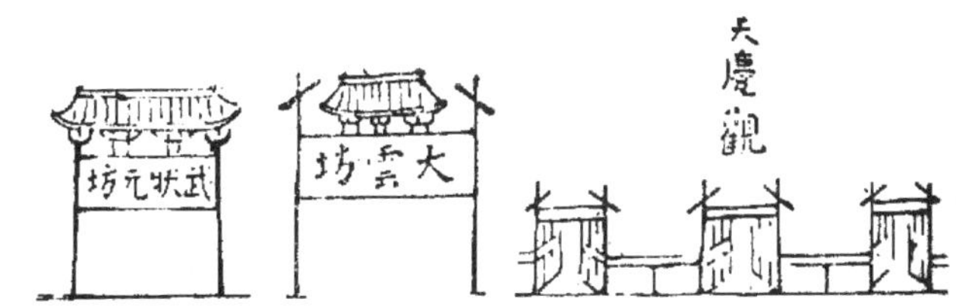

图001 南北朝北魏碑刻上的坊门

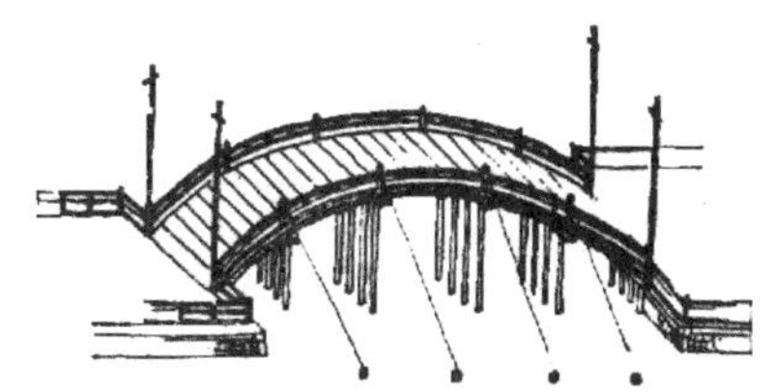

图002 宋《龙舟夺标图》中的桥牌楼

当初的表和坊没有任何饰物。其外形简而又俭。随着社会经济的发展人们的审美情趣的提高，建筑才由生存的需要转变为艺术的追求。在原始社会人类就把猎取动物的骨骼或皮毛带在身上作为炫耀生存能力的表征。后人虽然也称其为艺术品，但那是没有上升到精神层面的艺术品。只有到了奴隶社会奴隶主占有了大量的剩余财物。这时才产生了精神的追求，真正意义上的艺术品得以创造。尤其是自秦代封建社会取代了奴隶社会，这一历史的进步也标志着物质和精神的一次大飞跃。从此建筑才走向真正意义上的艺术之路。

《诗·陈风·衡门》诵：“衡门之下，可以栖迟。”周代的衡门就有了可供栖迟的小门了。到了汉代居住区的门最流行的是“阙”。最初的“坊门”是没有“楼”的。汉代的“阙”门是由原来的两根木柱进化为砖石结构的，后来“阙”盖得越来越大，不但居住区的门要建阙，发展到宫室城门也要建阙。“阙”

上有飞檐罘罳，《汉书·文帝记》曰："未央宫东阙罘罳灾"，颜师古注说："罘罳（Fú sī），谓连阙曲阁也，以覆重刻垣墉之处，其形罘罳然。"《吕氏春秋·季春纪》曾释罘罳为："置罘罗网。"这是由密如罗网的木斗栱而构成的阙楼顶。由此可见"阙"之规模和气派。北京故宫的午门是阙楼最后的顶级建筑样式。总之，"阙楼"逐渐演变为一种固定的建筑模式。从此"坊"才和"楼"扯上了关系。后来有些简单的坊门，甚至只有"牌"没有"楼"的坊也被称为"牌楼"了。（参见003～005图）

"闾里"又被称为"表闾"。这种小区大门的定式在史料记载中多称为"坊"也有称为"阀阅"的。这"伐阅"两字始见于中国西汉著名史学家、文学家和思想家司马迁（约公元前 145 年～前90年）所著的《史记》中，在卷十八"高祖功臣侯年表序"师古注曰："伐，积功也。阅，经历也。"伐阅即阀阅，这是阀阅的本义。可是到了东汉章帝时，阀阅的意义已经有了转变，由于封建社会等级森严，阀阅的规制成了

图003 河南郑州阙前武士画像砖

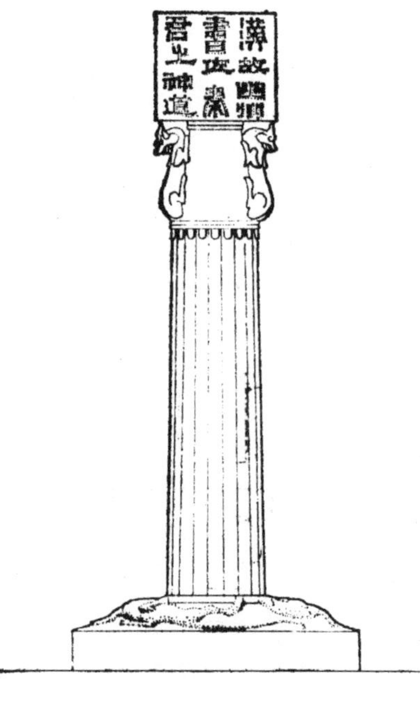

图004（左）汉幽州秦君墓表

图005（右）四川汉代冯焕墓之阙表合一

“门阀地位”的观念。

宋·王钦若等编修的一千卷《册府元龟》曰：“正门阀阅一丈二尺，二柱相去（隔）一丈，柱端安瓦筒。墨染，号乌头染。”

唐代柱端安瓦筒并涂墨的“乌头染”，这种坊门仍占主导地位。据唐代的《六典》介绍：“六品以上者，仍通用乌头大门。”

在唐代除了流行“乌头门”外，还有一种更简洁的平民居住区的坊门，这种样式如同“开”字型的门框，称为“绰楔”（chuò xiē）。这种牌坊自唐代由鉴真和尚传到日本后，日语称为“鸟居”，这种唐式牌坊至今也没有任何改动，成了中国古代牌楼的活化石。在日本几乎所有知名的神社都能看到这样的唐式牌坊。（参见006图）

北宋崇宁二年，（公元 1103 年）官府为了加强对建筑业的管理，特颁布了《营造法式》以统一建筑规范。其中说：“乌头门其名有三。一曰：乌头大门，二曰：表，三曰：阀阅，今呼为：棂星门。”简短的几句话就概括了表和牌坊的发展和由来。从宋《营造法式》中乌头门的形制可以看到表和牌坊已经合为一体，成了国家级的统一规范了。（参见016图）

图006 日本保存着中国唐朝风格的木牌楼

历代的建设者常把动物、植物甚至想象中的神祇都要搬到建筑上加以装饰。宋代虽然是个动荡的朝代，南宋和北宋在长江两岸漂泊，这也使南北文化进一步地交融。但从《营造法式》这一国家建筑规范来看，宋代对表和坊仍是抱着神圣和崇敬的态度。乌头门几乎没有对牌坊进行颠覆性的改造。有人说《清明上河图》上汴京（开封）的表杆已经把仙鹤置于顶部了。仔细观察就会发现那只是闲来停落的水鸟而已。桥头共有四根表杆，只有一根表杆有落鸟。虽有唐朝诗圣杜甫吟诵：“天寒白鹤归华表，日落青龙见水

图007 宋代名画《清明上河图》中的表杆式桥牌楼

中”的诗句，那只是白鹤在天寒时的暂归；表杆在水中的倒影，也只是日落后的碧波荡漾在水面上而造成的龙形假象。表并没有杂华。（参见007图）

历代的皇帝只要一登基，首先要建大宫殿，接着就把主要精力放在修建皇陵上，绝对不会对居民区的坊门加以重视。从现在遗存的宋代坊和《营造法式》中所记载的制度或规范来看，牌坊的规模都不是很大，还没有比汉代的阙门更宏伟的例证。当然比起前朝的坊门“乌头染”还是大有进步。不但有了瓦屋顶，有些还有了斗栱。更高档的坊门还施以彩画。

图008 宋代标准老坊门

图009 北京牛街金代牌楼门

（参见008～009图）

在冷兵器时代，游牧民族的马匹和生存习惯成了战争的先天优势。金代天德三年（公元1151年），海陵王完颜亮夺得王位建立金朝，下令迁都燕京（今北京西南），并派人按北宋汴京（开封）的制度增广燕城，遂改名为中都。此时的汴京，由于商业和手工业迅速发展，坊巷制逐渐取代了里坊制，重坊轻巷时代得以终结。巷坊墙被逐渐拆除，形成了开放型街市，以适应游牧民族的生活习惯，金中都的街道分为两部分。一部分是辽南京即唐幽州的旧街巷，当时坊墙在逐渐拆除中；另一部分属扩建后形成的新街巷。并以巷称“胡洞（读：tòng）”，有幸的是巷口建牌楼传统被保留了下来，但未有大的发展。

元世祖忽必烈（公元1215～1294年），又称薛禅汗。经过五年的汗位争夺战，最终得以灭掉了金朝。1264年，迁都燕京，改称大都（今北京）。1271年，改国号为元。并发动消灭南宋的战争，1279年取胜，统一了全国，建立了中央集权统一的多民族国家。

元代建都北京，仍承袭了宋代的街坊制度进行城市管理。把京城分为五十坊，每坊都有坊门和坊名。由翰林院侍书学士虞集伯生取“大衍五十”之意而立。另外还有数坊由大都路教授时所立。（参见010～012图）

韩非子说：“世异则事异。”到了经济强盛的明代，牌楼才得到了极大的重视。

明代京城富豪云集，一家一户几乎占据整片里坊，千年的里坊制彻底崩溃。于是将街坊改胡同，并统一写成“衚衕”正式成为街巷的通用名称。清末简写为“胡同”。但是牌坊的形制依旧被延续下来。京城的胡同口都建有牌楼，甚至十字路口竟有四面牌楼相对的现象，故被俗称为“四牌楼”。至今牌楼虽

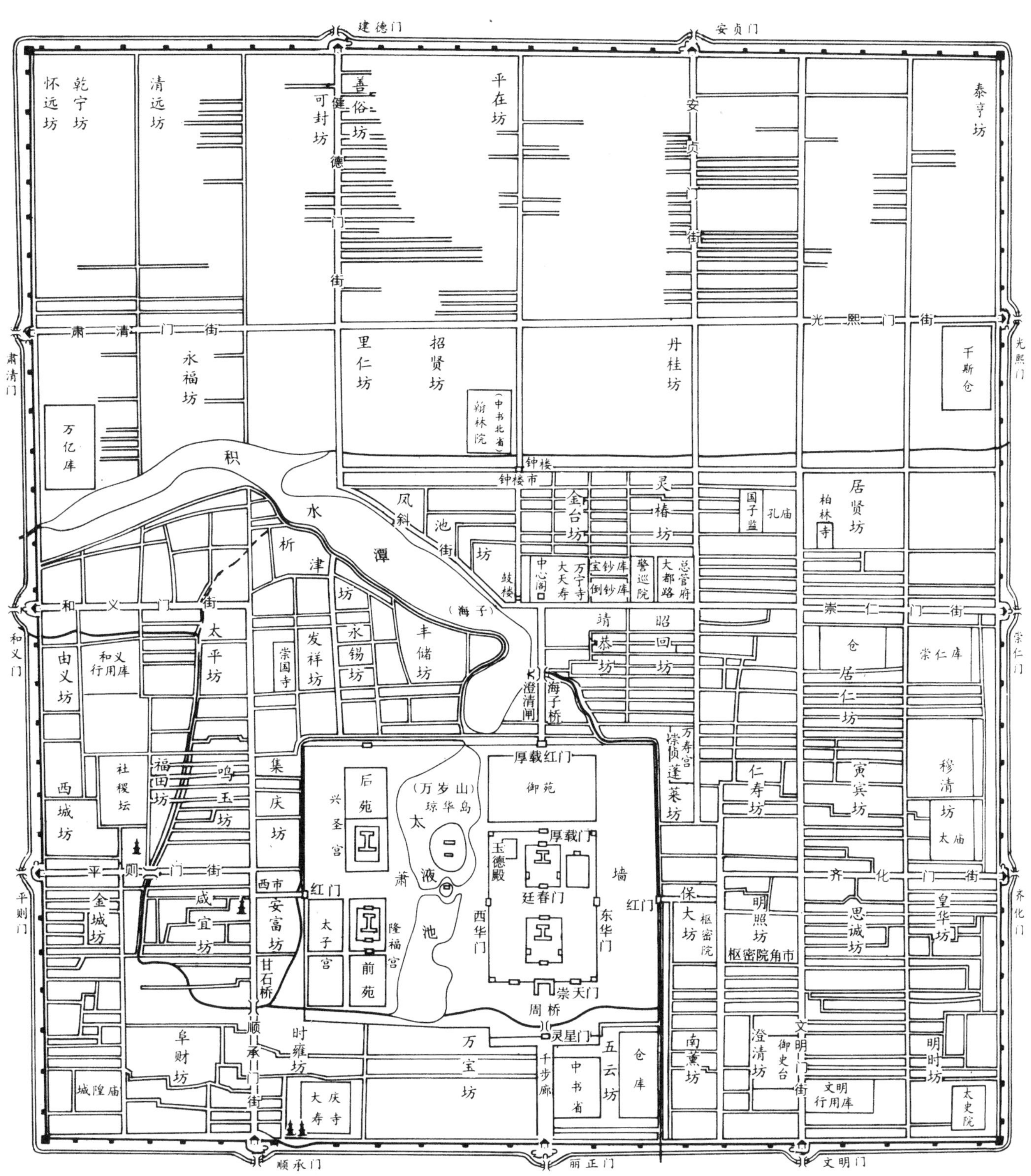
建德门
安贞门
怀远坊
乾宁坊
清远坊
可封坊
善俗坊
健德门街
平在坊
安贞门街
泰亨坊
肃清门街
光熙门街
肃清门
光熙门
永福坊
里仁坊
招贤坊
丹桂坊
千斯仓
万亿库
翰林院（中书北省）
积水潭
钟楼
钟楼市
凤池坊
斜街
灵椿坊
金台坊
国子监
孔庙
柏林寺
居贤坊
析津坊
鼓楼
中心阁
大天寿万宁寺
宝钞库
倒钞库
警巡院
大都路总管府
和义门街
崇仁门街
和义门
崇仁门
（海子）
靖恭坊
昭回坊
太平坊
由义坊
和义行用库
崇国寺
发祥坊
永锡坊
丰储坊
仓
崇仁库
居仁坊
澄清闸
海子桥
万寿宫
崇仁坊
厚载红门
御苑
西城坊
社稷坛
福田坊
鸣玉坊
集庆坊
后苑
兴圣宫
（万岁山）琼华岛
太液池
崇恢蓬莱坊
仁寿坊
寅宾坊
穆清坊
太庙
平则门街
齐化门街
平则门
齐化门
厚载门
玉德殿
延春门
墙
西市
红门
金城坊
咸宜坊
安富坊
太子宫
隆福宫
西华门
东华门
保大坊
枢密院
明照坊
枢密院角市
思诚坊
皇华坊
甘石桥
前苑
崇天门
周桥
灵星门
阜财坊
顺承门街
时雍坊
万宝坊
千步廊
中书省
五云坊
仓库
南薰坊
澄清坊
御史台
文明门街
明时坊
城隍庙
大庆寿寺
文明行用库
太史院
顺承门
丽正门
文明门

图010 元大都诸坊图

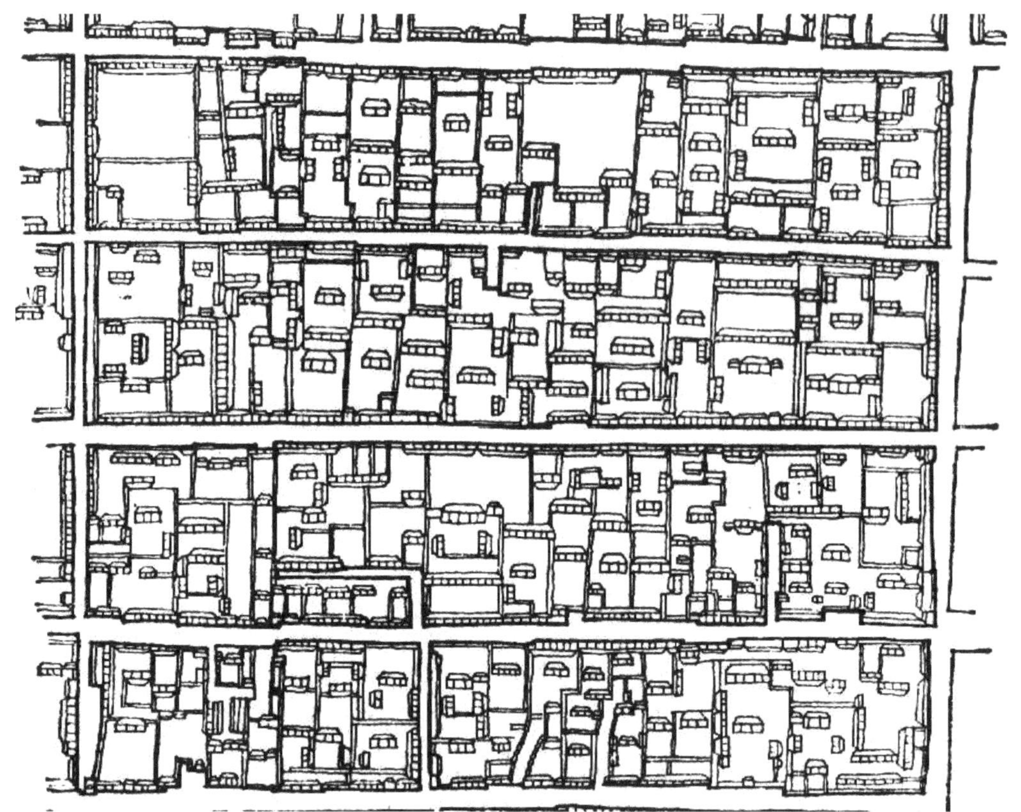

图011 元代京城街坊布局图

图012 元代京城老坊门

拆，“东四”、“西四”地名犹存。

明代京城最大的牌楼有两座。一座在紫禁城前，一座在明皇陵前。十三陵六柱五间十一楼大石牌楼就是仿紫禁城前的木牌楼而建的。

紫禁城的正门称：午门。其瓮城式的前门称：端门。再前面就是六柱五门十一楼的木牌楼“承天门”。明成祖朱棣决定迁都北京后，1420年皇城正门大牌楼竣工，并沿用唐代皇城正门旧称“承天门”。牌楼正中悬挂着“承天之门”的匾额。明景泰二年（公元 1451 年）此牌楼毁于大火，成化元年（公元1465年）重建“承天门”大牌楼。明末时“承天门”又被李闯王的一把大火给烧了，直到清顺治八年（公元1651年）重修时，才建成了城楼式的大门并改名为“天安门”。（参见010～016图）

图013 明代十三陵重彩大石牌楼

图014 明代重彩大石牌楼细部

图015 明代重彩大石牌楼细部

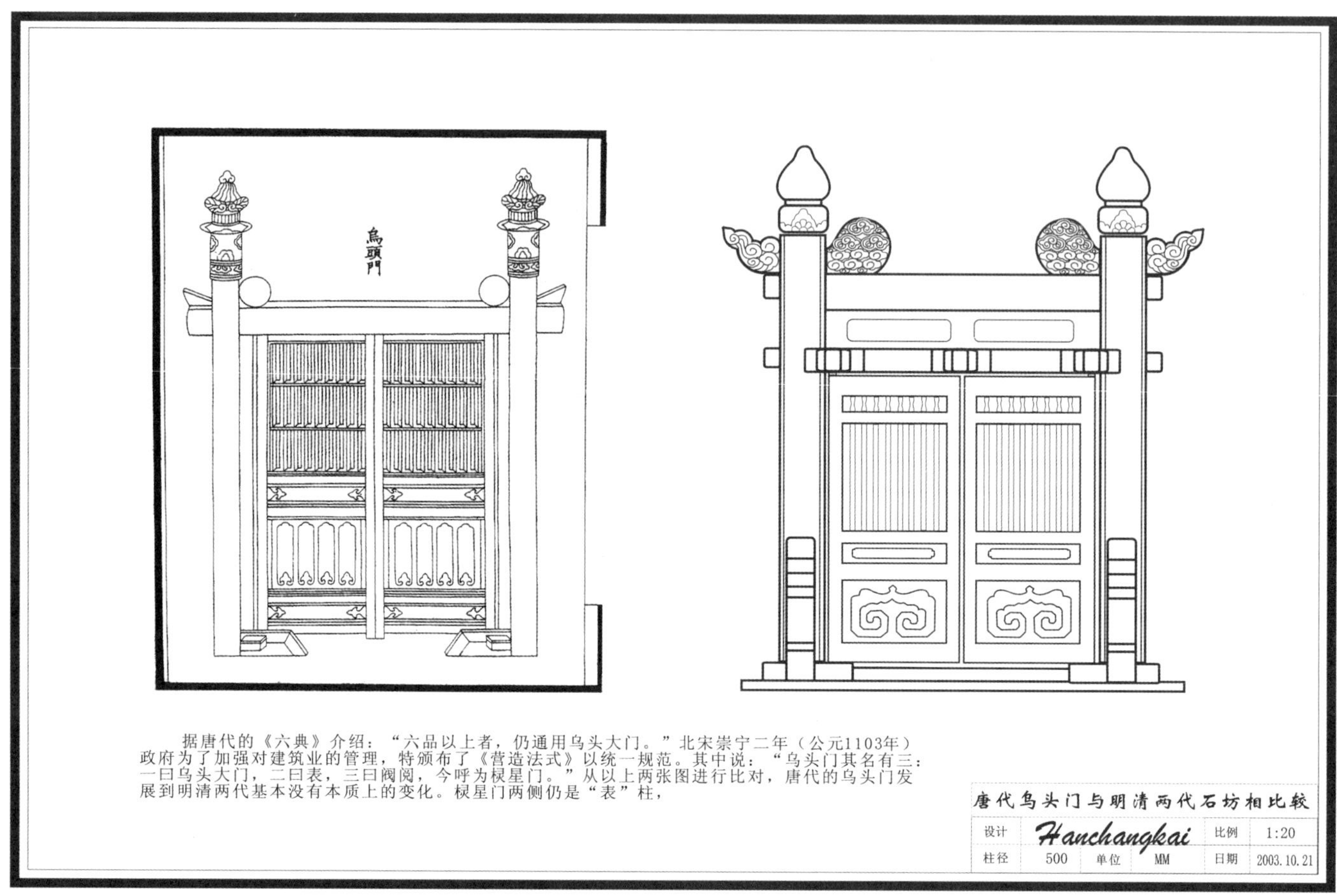

图016 乌头门和棂星门石坊的比较

明朝镇守山海关的大将吴三桂为争夺妓女陈圆圆竟引满族清兵旗将攻打京城。清军得手后占领北京，并取代明朝建立大清帝国。大多改朝换代都要重建京城，唯清帝国保留明朝京城旧制，并实行以"和"为中心的多民族大一统的治国纲领。满族统治者本来有自己的文字，但为了笼络知识阶层仍承袭了原有的科举制，实行汉字满文并行。除了还保留着世袭"八旗制"外，对于建筑这一民族文化的载体几乎统统被承袭下来，这标志着游牧向农耕转化的重大转折。清代对立表和建坊这一城镇居民管理的手段又加以发挥，尤其是"康乾盛世"经济的发展推动了城市的建设，前店后厂的经营方式使手工业迅速壮大，每个商户门前都建有冲天柱式的木牌楼，当时的京城几乎是牌楼林立。（参见017～022图）

安徽桐城有一长百余米宽两米的小巷，名曰"六尺巷"。桐城是清代"桐城派"文学发源地，以"文以载道"为主旨，号称"文都"。张文端公张英，清代名臣，桐城人，为官累至工部尚书、礼部尚书、翰林院掌院学士、文华殿大学士等。康熙四十年《桐城县志略》等记载：张文端公居宅旁有隙地，与吴氏邻，吴氏越用之。家人驰书于都，公批诗于后寄归，云：

"一纸书来只为墙，让他三尺又何妨。

长城万里今犹在，不见当年秦始皇。"

家人得书，遂撤让三尺，吴氏感其义，亦退让三尺，

图017 清代前店后厂的门脸牌楼

图018 颐和园苏州街的门脸牌楼

图019 清代商店门脸牌楼

图020 皇家宫苑官式木牌楼

图021 有垂莲柱的官式木牌楼

图022 清代商会的砖牌楼

图023 聊城仁义胡同牌楼

故六尺巷遂以为名。身为高官显贵并不以势欺人，而是劝自家退让，乡里共赞并立坊表彰。

此类记载共有六、七个版本，有东北辽阳版、河北丰润版、北京平谷版、山东聊城版等等，唯北京版最早，安徽桐城版最详，山东聊城版规模最大，并建有“仁义胡同牌楼”一座。

总之，牌楼承载着中国几千年的传统文化，成了中华民族的象征。正如《中国大百科全书》所讲：“牌坊起源于汉代坊墙上的坊门，门上榜书坊名以为标记，宋以后随着里坊制的瓦解，坊门的原有功能消失，但坊门仍然以脱离坊墙的形式独立存在，成为象征性的门，即为牌坊，立于大街、桥梁的显要位置。牌坊在南宋已经出现，至明则成常制。牌坊还有表彰性的意义，起源于汉时的‘榜其闾里’，经唐宋之‘树阙门闾’，至元明清已改用‘旌表建坊’的做法。”其简要而准确地总结了牌楼的发展历史和其功能的演变过程。

回顾表和牌楼的历史，是为使后来的建造者不但要知其然，更要知其所以然。古典建筑的魅力来自它的历史和文化的积淀。目前，诸多仿古建筑层出不穷。这种继承和发扬是中华民族的希望。但是，如果不能深刻地了解其内涵，只模仿其皮毛，不光是对民族文化遗产的亵渎，也是对子孙后代不负责任的表现。

华表的大体特征

图024 明十三陵的棂星门

表和坊最后分别发展成了华表和牌楼，但这表柱和楼柱至今仍是若即若离、难解难分。华表自明代由圆柱定型为八角柱，此后再也没有本质上的变化，只是在表杆的装饰上有一些等级的区别。盘龙云纹为最高等级，其次为云纹柱，再次为光柱。上云头板和下云尾板是当初斜横木表头的发挥，虽云纹有所变化但大同小异。

在古代传统建筑中一般对栏杆间的立柱称为：望柱。为了不使两种外观相似的建筑构件之名称相互混淆，在皇陵中真正的望柱是和华表同时列置的。这种“望柱”本称为：表幢。其实，这也是由源于表杆一种标示性建筑构件。这种望柱也是皇权的象征。（参见024～026图）

这种如同华表的“望柱”在唐代又称为：“天枢”。唐代江都主簿刘肃《大唐新语》卷八记载说：“长寿三年（公元694年），（武）则天征天下铜五十万余斤，铁三百三十余万，钱二万七千贯，于定鼎门内铸八棱铜柱，高九十尺，径一丈二尺，题曰‘大周万国述德天枢’。纪革命之功，贬皇家之德。天枢下置铁山，铜龙负载，狮子、麒麟围绕。上有云盖，盖上施盘龙以托火珠，珠高一丈，围三丈，金彩荧煌，光侔日月。”这种巨大的八棱铜柱，其外形和表柱无异，只是叫法不同而已。唐玄宗李隆基即位后，大刀阔斧地解决武则天时期的遗留问题，到开元二年最终销毁了“天枢”，这种象征清除武周政权带给唐朝的耻辱的行动，使这座矗立洛阳达20年之久的艺术品终于毁于人祸。

华表顶部的柱头盘应称：云盖或莲座，有人称其为“承露盘”。实际上“承露盘”是一种铸铜构件。古人认为用晨露沏茶或服药有保健作用，甚至可以“长生不老”。于是在殿前造铸铜“承露盘”以接取天然冷凝水。华表顶部的柱头盘与“承露盘”是根本

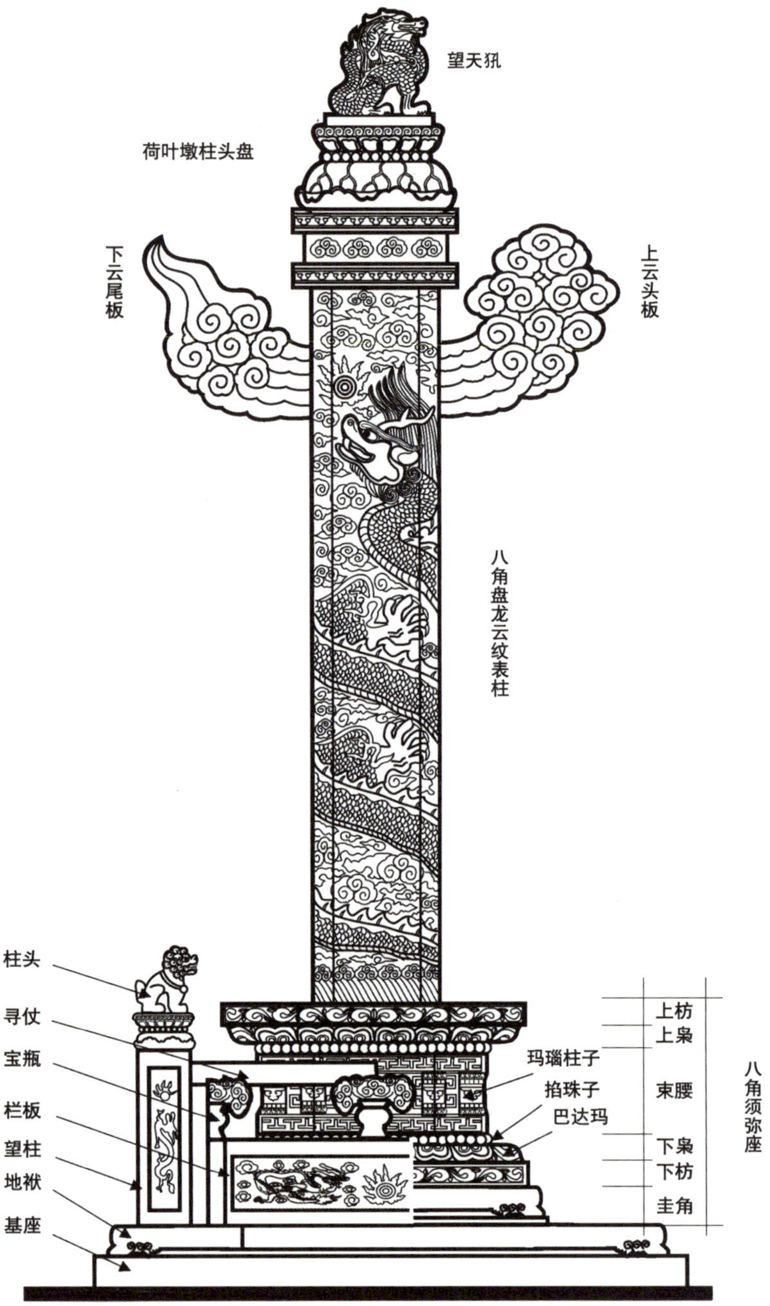

图025 华表各部名称

图026 八棱云幢望柱

不搭界的。柱头盘只是顶兽的座盘而已。柱头云盘与华表根部的“须弥座”的区别，只是少了几层，且置于柱顶之上。（参见026～038图）

华表柱顶兽又称为：望天犼。华表都是成双成对地设置在主建筑两侧。也有前后各两对者，前面两对的望天犼面朝前，后面两对的望天犼面朝后。面朝前的望天犼有“望君归”之说，面朝后的望天犼有“望君出”之说。然此说无从考证，牌楼的两只望天犼相对而立又有如何说法？故这种民间传说只是一种美好的愿望而已。（参见036图）

图027 梁代萧景墓神道石刻表柱

图028 宫苑铜人承露盘

图029 云纹柱华表顶部的莲花座

图030 光柱华表残件

图031 柱顶兽侧面及兽下莲花座云盘

图032 柱顶兽的正面

图033 华表须弥座及被损柱顶莲花座云盘

图034 被损前华表柱盘顶兽为牛蹄麒麟

图035 皇陵前的华表

图036 金中都中心位置纪念表

图037 圆柱华表

图038 石坊表柱相对而立的望天犼及火焰宝顶

图039 唐代无华墓表

图040 须弥座上的跑龙

图041 华表望板上的牡丹宝相花

图042 慈禧墓栏杆望柱

表杆最初称表或诽谤木。到何时才变成“华表”的呢？在古代尤其是在宋代“华”和花是同字同义。宋以前的“表”是非常朴实无华的，从宋代名画《清明上河图》所看到的桥头表就是无华之表。到了宋末明初“表”才开始向装饰功能发展。表上加了许多“华”反而不起诽谤木的作用，而成了帝王标榜民主的象征物。其实在封建君主制度中根本是不可能有什么民主的。就连华表本身也有等级区分的，譬如：只有皇宫的华表才可用五爪龙盘柱，除此之外只能用四爪蟒，再低的等级用无蟒的云纹柱，再低的等级只能用光杆柱了。

天安门是皇宫的前门，其华表当然是最高等级啦。连须弥座都不用普通的椀花结带束腰而用五爪跑龙。望板上的宝瓶也不用普通的三幅云，而是用牡丹宝相花。

牌楼的大体特征

牌楼是标志性、装饰性、纪念性极强的古典建筑。牌楼与其他古代建筑最大的区别就在于它是单片式的独立建筑。只有少数牌楼像进深较浅的房子。

中国古代建筑的主要特点就是大木结构。牌楼样式最多、分布最广的要属木牌楼。无论其样式如何变化，木牌楼的结构大体要具备以下构件：楼柱、戗杆、楼顶、大小额枋、匾额和花板、斗栱、铁挺勾、云墩雀替、鸱吻或脊兽、夹杆石或抱鼓石等等。石牌楼以仿木形式为主，大多数江南石坊的外形是“冲天柱式”的，它们的构件还有箍头、火焰、云头、云尾、抱鼓石、柱顶兽等等。也有一些阙式牌楼。这些阙式牌楼基本为砖石结构，因而这种阙式牌楼也被列

图043 清代官式木牌楼

图044 冲天柱式的木牌楼

为石牌坊的范畴之内。

在官式木牌楼中还有一种“冲天柱式”的，这种牌楼的每根楼柱“冲”出脊外，柱顶覆以云罐（也叫毗卢帽）以防风雨侵蚀木柱。古牌楼云罐有瓦制的，也有琉璃的。这种几乎成了清代商店门脸的专用模式。牌楼以两柱间距来分间量，中间称明间，明间的两侧称次间，六柱五间的牌楼两端称梢间。

牌楼的楼顶，有一楼、三楼、四楼、五楼、七楼、十一楼，最多竟有十九楼的。中国古建屋顶有几十种形式，而牌楼的楼顶形式只采用了其中的三、五种。如庑殿顶、歇山顶、悬山顶、硬山顶等。总之，全国各地都有千奇百怪和各种形式的牌楼。（参见043～044图）

其他如石牌楼、砖牌楼和彩牌楼等，都是在木牌楼的基础上根据所使用材质的特性加以改造或仿制的。西方人见到了有拱门的砖牌楼后，联想到法国的“凯旋门”就给中国的牌楼起了个专用名词“Archway”或“Decorated Gateway”——拱门。其实，除了砖牌楼其他牌楼都没有“拱门”，只有这“Memorial Gate”——“纪念门”还沾了点边儿。

砖牌楼有两种，一种是灰砖建造，一种是通体为琉璃制品。琉璃和瓷器的主要区别在于坯土上。中国的瓷器世界闻名，而琉璃制品用在建筑上也是世界上首屈一指的。琉璃，古时称做流离、留璃、青玉石等，古人对人造及天然的宝石、料器、玻璃器等统称琉璃，随着古代陶器的发展及瓷器的产生，琉璃作为中国传统陶瓷衍生品种，大量应用于建筑装饰以后，历经千百年逐渐成为一个专用名词。3000年前我国的商代就有了初期的琉璃。到了世纪之初的汉代，人们选用更精细的陶土烧制出了瓷器。到了唐代，三彩琉璃饰物就到处可见了。在此基础上琉璃工艺逐渐普及，并广泛地用于建筑材料中。元代以前，琉璃多用陶泥黏土、胶泥土等制坯，颜色呈红砖色，坯胎粗松，琉璃釉都有细微的“开片”，长期暴露在恶劣环境下的釉面极易剥离。

元代以后匠人发现有近似瓷土的坩子土作为胎料，颜色呈月白色，且质地紧密，釉色艳丽，烧造温度达到 1150 ℃。这样的工艺使琉璃暴釉的问题得到了彻底的解决。至此，京城东岳庙琉璃大牌楼建造成功。琉璃以其高品质成为明、清皇宫建筑的专用制品。多座琉璃砖牌楼产生于明代，这不但是琉璃制品的鼎盛时期，也是牌楼建筑的黄金时代。（参见045～048图）

图045 全国最大的琉璃砖牌楼被西方称为“纪念拱门”

图046 官式大石牌楼

图047 十二条琉璃金龙盘框的汉白玉大匾额

图048 江南冲天柱式石牌楼

牌楼样式的大体分类

从牌楼的用意来分类：有功德战绩坊、宗祠庙观坊、祭祀神坛坊、官府衙署坊、学馆书院坊、贞洁烈女坊、街巷道桥坊、忠孝正气坊、科甲功名坊、仁义慈善坊、百岁庆寿坊、城门关口牌楼、陵寝茔墓牌楼、景观胜迹牌楼等等。各类牌楼计二十来种。

牌楼的建筑形式丰富多彩，以建筑材料来分类，大体有木牌楼、石牌楼、砖牌楼和彩牌楼等。牌楼要从结构上来分类，有两柱一间、四柱三间、六柱五间等等多种样式。以牌楼的楼顶分，有一楼、三楼、四楼、五楼、七楼、十一楼最多竟有十九楼的。中国古建屋顶有几十种形式，而牌楼的楼顶形式只采用了其中的三、五种。总之，全国各地都有千奇百怪的各种形式牌楼。

在大一统的中华国土中有以皇族而特定的标准式样，这就是所谓的“官式牌楼”。其中，还有一种官式牌楼是“冲天柱式”的，这种牌楼的每根楼柱“冲”出脊外，柱顶覆以云罐（也叫毗卢帽）以防风雨侵蚀木柱。古牌楼云罐有瓦制的，也有琉璃的。这种以唐代乌头门为范本的坊门几乎成了清代商店门脸的专用模式。

中国的疆域广阔，古代社会的诸侯各国，分而又合，合而又分。虽有多次的统一，但各地区的建筑又有各地区的显著特点。牌楼也同样是式样繁多，如果按地域分类，大体上有：苏式牌楼、徽式牌楼、粤式牌楼、晋式牌楼、滇式牌楼等。从地域分类来说，所谓的“苏式”是一种建筑形式的简称，苏南地区在古代为吴越之国。以苏州的太湖香山为中心，集聚着广大的能工巧匠，并形成了实力雄厚的技术帮系。以“香山帮”为代表的技术风格自然构成体系，其历史悠久规模庞大直接影响着“苏式建筑”的式样，故使古代建筑形成南、北两大派系。香山帮始于春秋战国，形成于汉晋，发展于唐宋，兴盛于明清，复兴于20世纪末。苏式建筑和苏式牌楼并不局限于苏州地区，几乎江南大部地区都流行这类建筑式样。

其他各式牌楼也不是只在某地流行，譬如“晋式”牌楼在大西北的敦煌或东部的山东都有此类牌楼的建筑形式。各式牌楼中多是“你中有我，我中有你”。无论是何种牌楼都会不离中国的民族特色。

官式牌楼

所谓官式牌楼是指按皇家所规定的等级制度而建造的牌楼。在封建社会等级森严，什么官员穿什么衣服，盖什么样式的房子，住几间屋子，甚至大门漆什么颜色、门上钉几颗钉子都有具体规定。凡超过了朝廷规定的制度即称为“僭制”，轻则抄家，重则砍头，更甚者“株连九族”，连仆人都被杀掉。清代崇德年定制：“亲王府，台基高一丈。正房一座，厢房

图049 官式牌楼

两座。内门盖于台基之外，绿瓦朱漆。两层楼一座，并其余房屋及门，俱在平地盖造。楼房大门，用平常筒瓦。郡王府，台基高八尺，正房一座，厢房两座。内门盖于台基上。两层楼一座，正房及门，用绿瓦。两厢房，用平常筒瓦，俱朱漆。余与亲王同。贝勒府台基高六尺。正房一座，厢房两座。内门盖于台基上。用平常筒瓦，朱漆。余与郡王同。贝子府，正房、厢房，俱在平地盖造，大门用朱漆、板瓦……”

和烧造瓷器一样，官窑的产品只许供皇家使用。官式牌楼也有等级之分，尤其是彩画，除了皇家级的牌楼可以用金龙和玺彩画外，任何级别的官式建筑都不可采用。官式牌楼最大特点是以斗口或柱径为基本“模数”，每个结构件都按固定尺寸制作。

官式建筑虽然威严宏伟，但程式化气氛太浓，缺少活泼的灵巧之气。“山高皇帝远”，云南丽江的木府所建的议事厅与皇宫无异。吴三桂私建金殿，牌楼建得更是巧夺天工。苏式建筑也是独出心裁，连乾隆下江南后都赞叹不已，回到京城就要重建三山五园，恨不能把苏州园林搬进皇宫。官式琉璃牌楼和官式石牌楼都是官式木牌楼的翻版。自元代以后官式牌楼基本定型。目前，北京、南京、沈阳、西安等古都遗存有明清时期的官式牌楼。（参见049～050图）

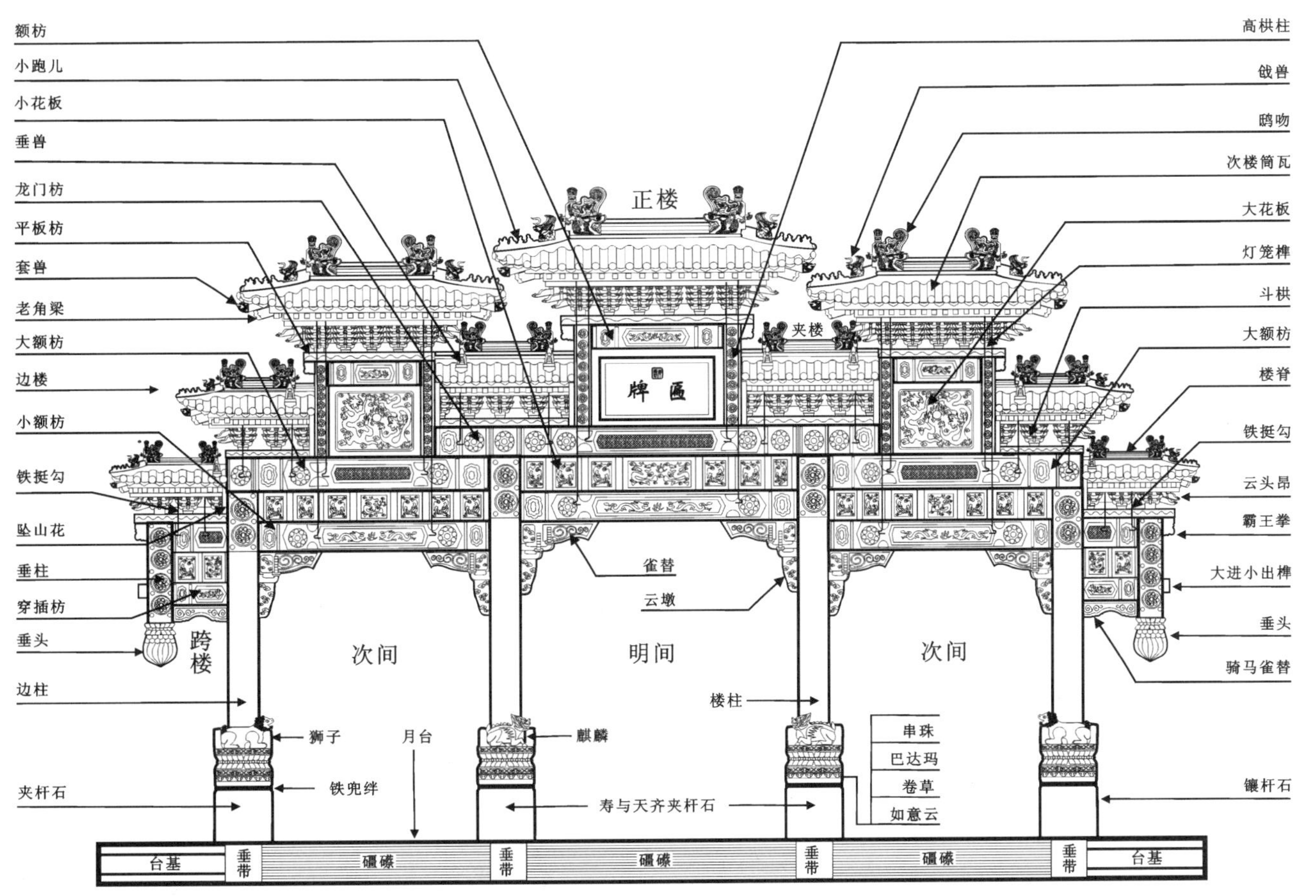

图050 官式牌楼的各部名称

苏式牌楼

“苏式”是一种建筑形式的简称，苏南地区在古代为吴越之国。以苏州的太湖香山为中心，而形成“香山帮”，其技术风格自成体系，故使古代建筑形成南、北两大派系。“苏式建筑”的最大特点是角檐上翘夸张，吻兽千奇百怪。苏式牌楼还有个特点就是木牌楼的石柱子比木柱子多，方柱子比圆柱子多。古代不允许民间建筑施用彩画，工匠就用精湛木、石、砖三雕艺术与之媲美。（参见051～052图）

图051 苏式牌楼

徽式牌楼

一提到徽式建筑人们就会联想到“粉墙黛瓦五岳封火码头墙”。江南水乡河道密布，临水而居的徽式建筑门前都会有随时能停靠船只的码头。海上的码头都是大平台，而江南水乡小河边的码头却都是台阶，这样的设计令小船无论水位高低都可以随阶而停近码头。其建筑的山墙因酷似这种台阶而被称为码头墙。

因江南多雨，徽式牌楼以耐潮湿的石坊为主。很少有木结构的牌楼。而徽式木牌楼也多与砖墙连为一体，尤其是砖牌楼和门楼融合在一起难解难分。这种牌楼门也称：门牌楼，在安徽等地随处可见。（参见053～054图）

图052 苏式石柱木牌楼

晋式牌楼

“晋”是我国山西省的代称。所谓“晋式”并非专指山西。在这里代表着我国西北地区的总称。晋式木牌楼以楼顶硕大著称。由于楼顶出檐太大，晋式木

图053 徽式门牌楼

图054 徽式石牌楼

图055 晋式木牌楼

图056 晋式石牌楼

图057 滇式木牌楼

图058 滇式砖牌楼

图059 滇式石牌楼

牌楼多在楼顶下部做“挑檐垂花”。晋式牌楼的“挑檐垂花”比起官式牌楼的铁挺勾更胜一等。这种结构形式的优越性是不言而喻的。（参见055～056图）

滇式牌楼

“滇”是我国云南省的代称，所谓“滇式”并非专指云南，在这里代表着我国西南地区的总称。滇式牌楼最大的特点就是楼柱多有侧墙。滇式牌楼没有汉白玉的夹杆石，楼柱多用高大的抱鼓石支撑。滇式牌楼另一大特点就是彩画比官式牌楼更艳丽、更活泼。斗栱更加奇特，我国西南地区人们所喜欢的大象、孔雀、莲花等动植物都被顺手拈来。不拘一格极尽发挥艺术家的想象力。滇式牌楼无论如何千奇百怪地独创新式样，却总能不离中国传统牌楼的基本构成。（参见057～059图）

粤式牌楼

“粤”本为我国广东省的代称。所谓“粤式”并非专指广东。在这里代表着我国东南沿海地区的总称。两广、福建、台湾都有粤式牌楼的建筑。

粤式牌楼也和苏式牌楼一样有翘角檐。粤式木牌楼最大的特点是没用斜戗杆，多用擎檐柱立在楼柱的前后或左右。高档楼顶用瓷片贴脊兽。（参见060～061图）

图060 粤式牌楼多用侧柱

图061 粤式牌楼的脊兽多用瓷片拼镶

牌楼的楼顶

图062 悬山式牌楼顶

图063 歇山式牌楼顶

古代建筑的楼顶有多种形式。宫殿、房舍的顶部，是整座建筑物暴露最多、最为醒目的地方，也是等级观念最强之处。清朝把《工程做法则例》中规定的27种房屋规格，纳入《大清会典》，作为法律等级制度固定下来。牌楼较为常见的屋顶形式也就四、五种，由低到高其档次顺序为：悬山顶、歇山顶、庑殿顶。极个别的也有攒尖顶等。（参见062～063图）

牌楼的楼顶从材料上分也就两种，一种是灰砖建造，一种是通体为琉璃制品。祭坛式的石牌坊没有顶，有些大石牌坊的石顶也是仿瓦顶。（参见064图）

庑殿顶的牌楼级别最高。古代建筑中“小称室、大称庑”，《营造法原》又称此类屋顶为：四合舍，早在商代就有这种广阔的庑殿建筑。庑殿顶有一条正脊四条垂脊。自宋以后又有推山造法，使脊两端上翘形成抛物线。庑殿顶是古代较高级别的建筑形式。庑殿顶亦称：“四阿”、“四注”。后人很少用此称谓，多用“庑殿顶”之称。其屋面为四落水而称四合，屋顶有四坡五脊。悬山顶也称：挑山顶。悬山顶是两坡出水的屋顶，大多为五脊二坡的屋顶。悬山顶上的檩端伸出牌楼的两柱之外，并钉以搏风板。有的悬山顶在博风板正中饰有悬鱼。大多官式“冲天柱式”的木

图064 官式木牌楼庑殿式琉璃顶

牌楼都是假悬山顶。真正的悬山顶屋顶是悬在房山之外。而冲天柱式的木牌楼顶没有山墙。其搏风板与山花板连为一体而称为：坠山花。（参见065图）

山墙上部的房山尖在半腰上歇一下又出屋檐，故称：歇山顶。有的歇山顶上的山花装饰为金环绦带等图案。歇山顶牌楼的山尖过小，故多用小红山。在古代此种建筑形式的级别仅次于庑殿顶。此屋顶上有一条正脊、四条垂脊、四条戗脊，故又称九脊顶。

中国古典建筑的顶兽和朝代的更替有密切的关系，在宋代前宫殿四角的脊兽多没定式。到了明代官式建筑有了固定的样式，由于明代帝王尊崇道教，脊兽也极具道教色彩，最明显的就是脊端的"仙人指路"。道士装束的骑鹤仙人和后面的"小跑儿"都来自道教神祇。

牌楼的脊兽也是级别的标志。官式牌楼琉璃顶的脊端大多为鸱吻。传说龙生九子，第八子称：螭（Chi），又名：鸱（Chi）尾或鸱吻，口阔嗓粗而好吞，遂成殿脊两端的吞脊兽，取其灭火消灾之意。

图065 官式木牌楼落架大修现场的坠山花（参见图182）

巨大宫殿的十拼大鸱吻高达两米多。所以角脊上的小兽只能称为"小跑儿"。这种排列有序的小兽有的多达十个。大殿角脊上的"小跑儿"由"仙人指路"领队，后面跟着：一龙、二凤、三狮子、四天马、五海马、六狻猊、七押鱼、八獬豸、九斗牛、十行什。这是一支强大的专业"灭火队伍"。因为牌楼顶出檐较小，故垂脊戗兽及小跑儿最多也就三、五个。（参见066～068图）

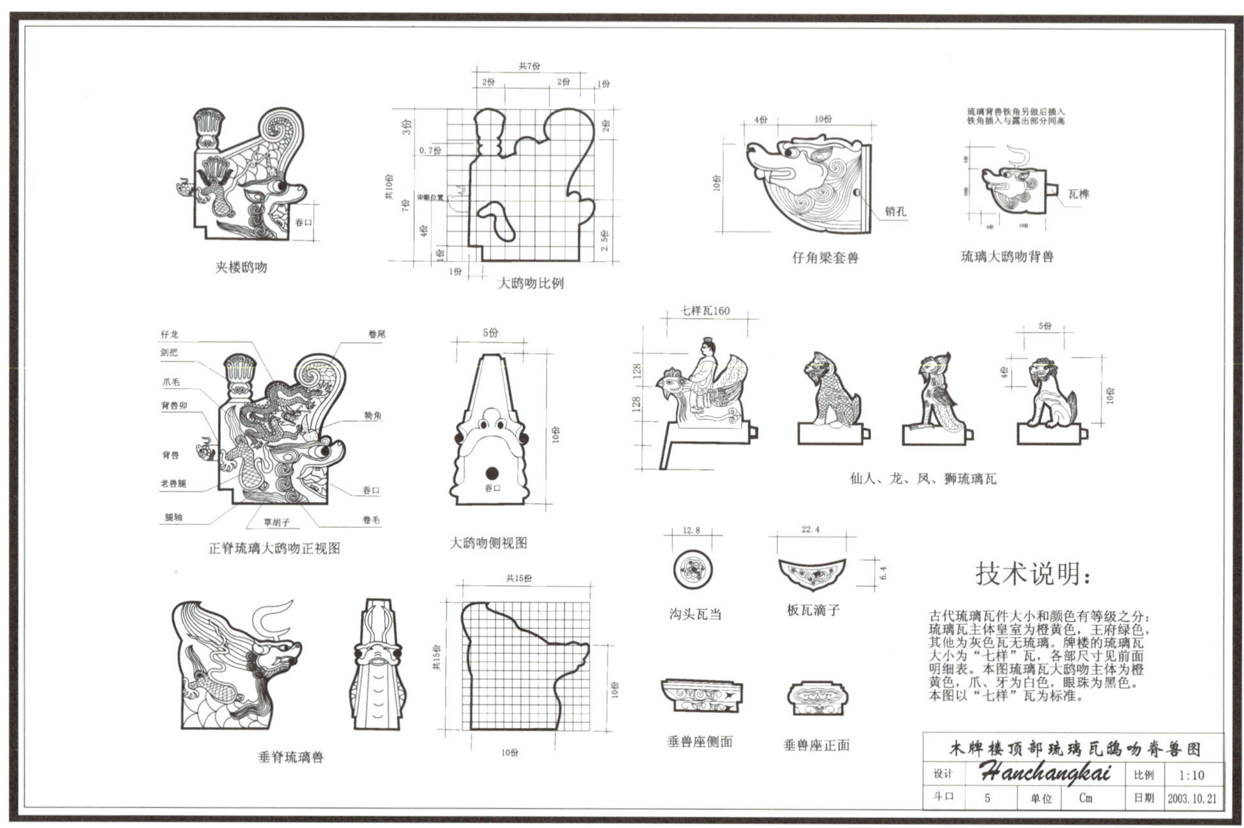

图066 官式牌楼上的脊兽

图067 宫殿上的十拼大鸱吻

图068 官式牌楼上的鸱吻

屋顶的脊兽历代变化较大，尤其是南北文化大交融的两宋时期。只有到了明代的官式建筑才被基本固定下来。官式牌楼的形制也是在明代确立的。即使在明代各地牌楼的脊兽差别也是很大的，尤其是各地区的各式的脊兽真是千奇百怪，难以全面收集。目前只能将苏式牌楼、徽式牌楼、粤式牌楼、晋式牌楼、滇式牌楼等具有代表性的脊兽加以大体的介绍。

这些以地域名称为特征的牌楼，并不像瓷器一样是以固定的窑址而命名的。所谓苏式牌楼只是区别于官式建筑而作的大体分类。

苏式牌楼顶

“苏式”是一种建筑形式的简称，苏南地区在古代为吴越之国。以苏州的太湖香山为中心，集聚着广大的能工巧匠，并形成了实力雄厚的技术帮系。以“香山帮”为代表的技术风格自然构成体系，其历史悠久规模庞大直接影响着“苏式建筑”的式样，故使古代建筑形成南、北两大派系。北宋元符三年（公元1100年）由将作少监李诫在汴京（今开封）编修成的《营造法式》，这是当时国家制订的有关建筑行业的规范。其中不少内容也吸收了“香山帮”的建筑成果。南宋绍兴年间（公元1131～1162年）重新刊印时特意选址苏州以示纪念。明代香山帮代表性人物蒯祥官至工部侍郎（相当于今建设部副部长）。这更促使了“苏式建筑”直接被皇家宫庭所吸纳的机会。在明清皇宫中的“苏式建筑”已经有了一席之地。出身北方游牧民族的清帝多次巡幸江南，被诸多苏式建筑所吸引，竟不惜工本几乎把江南园林照搬到北方的京城皇宫。并在三山五园大兴土木。甚至有些皇家建筑以“官式”为体“苏式”为用，相互融合得天衣无缝。

以地域为命名的建筑虽有地域性的特点，但多是“你中有我，我中有你”，总不会脱离中华民族建筑的总体风格。譬如“粉墙黛瓦五岳封火码头山墙”这种典型的徽式建筑，在吴越地区地也随处可见，晋式牌楼在遥远的敦煌也多有建造。又如有鱼龙脊的石牌楼几乎遍及全国。（参见069～083图）

图069 苏式牌楼的灰瓦脊兽

图070 苏式牌楼顶的翘角檐都比较夸张

图071 苏式牌楼的灰瓦涂色哺龙吻

图072 苏式石坊的鱼龙鸱吻及葫芦宝顶

图073 苏式牌楼庑殿顶砖雕花脊

图074 苏式牌楼的鱼龙吻和戏剧人物

图075 苏式桥牌楼顶戏剧人物

图076 苏式桥牌楼顶戏剧人物

图077 苏式桥牌楼宝顶及戏剧人物

图078 苏式五楼石坊鱼龙吻及宝顶

图079 苏式牌楼角翼上的小跑儿

图080 苏式黑琉璃鱼龙吻

图081 明代石坊龙吻

图082 四川流行拼贴卷草脊

图083 苏式牌楼卷草脊

晋式牌楼顶

“晋”本是我国山西省的代称。所谓“晋式牌楼”并非专指山西的牌楼。“晋式”代表着我国西北地区的总称。晋式木牌楼以楼顶硕大而著称。由于楼顶出檐太大，晋式木牌楼多在楼顶下部做“挑檐垂花”。晋式牌楼的“挑檐垂花”比起官式牌楼的铁挺勾更胜一筹。这种结构形式的优越性是不言而喻的。晋式牌楼的楼顶琉璃瓦也和山陕地区的“花馍”一样艳丽多彩。其粗犷而豪放表露出西北汉子的天生个性。（参见084～101图）

图084 用挑檐垂花代替铁挺钩和擎檐柱

图085 晋式牌楼顶琉璃大花脊

图086 晋式牌楼大脊及宝顶

图087 晋式牌楼大鸱吻

图088 晋式牌楼翼角力士

图089 晋式牌楼戗脊小跑儿

图090 晋式牌楼戗兽

图091 晋式牌楼舞爪鸱吻

图092 牌楼鸱吻和文臣

图093 牌楼套兽和武将

图094 晋式牌楼的脊兽及宝顶

图095 晋式牌楼大脊及宝顶

图096 晋式牌楼龙凤脊

图097 晋式石坊顶

图098 晋式牌楼歇山顶

图099 晋式牌楼大脊鸱吻

图100 晋式木牌楼顶之朝天蹬

图101 晋式石牌楼顶

徽式牌楼顶

一说到徽式建筑就会想起“粉墙黛瓦五岳封火码头墙”。徽式门牌楼的确和这种徽式砖墙有关，徽商和晋商一样外出挣了钱就想建设家园。独门独院的小楼多在徽式高墙内围墙而筑。小小牌楼门与高墙连为一体。

其楼顶以单间式和三间式为主。单间式多为“开”字形垂柱式的仿木构架。三间式有平行式和“八字”式之分。

徽商奔波四方，积财营建宅房。出于防火防盗的目的，地少人多的徽式宅院四面高砌白墙。坡顶两侧房山高于房脊，硬房山的形状如同河边的码头，因有五阶而称“五岳码头墙”。院墙的前门都筑有牌楼式的小门楼。因江南多雨，徽式牌楼以耐潮湿的石坊为主。很少有木结构的牌楼。而徽式木牌楼也多与砖墙连为一体，尤其是砖牌楼和门楼融和在一起难解难分。这种牌楼门也称：门牌楼，在安徽等地随处可见。（参见102～111图）

图103 徽式三山门牌楼

图102 徽式门牌楼全貌

图104 徽式八字门牌楼

图105 徽式五岳门牌楼

图106 徽式单檐门牌楼

图107 徽式八字门牌楼顶

图108 徽式门牌楼顶及其砖雕细部

图109 徽式门牌楼顶及其砖雕细部

图110 徽式冲天柱牌楼顶

图111 徽式五楼石牌楼顶

图112 粤式牌楼戗脊上的戏剧人物

图113 粤式牌楼顶部的戏剧人物吻件

粤式牌楼顶

粤式牌楼是顶部最复杂的牌楼。因为粤式牌楼的脊兽不是标准的琉璃瓦构件。而是用各种艳丽的瓷片在施工现场拼镶而成的，这就给工匠非常宽阔的创作天地。（参见112～113图）

古代粤式建筑顶部的大脊多是推山式。无论是庑殿顶、歇山顶还是硬山顶都会使脊的端头上翘形成抛物线。这种推山造法流传于宋代，而粤式古代建筑即便是民居也一直坚守着这种做法。

这种推山做法的脊部并不是结构上的必须要求，而是当地的一种习俗，很可能与沿海的渔民以船为家的风俗有关。在他们的眼里无论是大船小船如果两端不高高上翘那还叫船吗？也许他们同样觉得大脊两端不高高上翘就不像个房子的样式。（参见114～115图）

图114 海船和粤式牌楼顶

图115 粤式牌楼中档次较低的脊部也用推山法

图116 粤式牌楼戗脊上的戏剧人物

滇式牌楼顶

我国云南省的代称：滇。所谓“滇式”并非专指云南，在这里代表着我国西南地区的总称。滇桂都是少数民族聚集地，也是多元文化的交汇之处。“山高皇帝远”，历代朝野党争或兵乱避灾者多隐居于此。建筑以干阑式为主体且形式多样，受吴、越、徽、晋各种风格的影响，建筑样式多兼收并蓄。

滇式牌楼很少有夹杆石，而是用高大的抱鼓石。其最大的特点就是楼柱多有侧墙。滇式牌楼另一大特点就是彩画比官式牌楼更艳丽、更活泼。其鱼龙鸱吻的两侧鱼鳍如欲飞的鸟翅，寄托着鱼龙变化的强烈愿望。（参见117～126图）

古民居脊端瓦件的造型其实是古代凤鸟图腾的遗存。历史上汉代非常崇尚“阙式建筑”，古代的“阙”是居民区的坊门，在阙顶上大多饰有凤鸟的图腾。

这种古代传统图形很像北京民居四合院屋顶上的“蝎子尾”。这种脊端的样式不但是凤头的造型，下面的“平草盘子”还形象地寓意着地道的凤巢。在“文革”期间，北京的古代民居突然遭到了厄运。民居屋顶上象征凤鸟的“蝎子尾”和“如意门”上的“门当”被扣上“革命对象”、“封建四旧”等罪名，几天之内全部被砸烂了。在遥远的东南和西南才能有幸地完整保存下来。

西南滇式民居流行“三合院”，比北京民居“四合院”只少了一个“倒座南房”，而院墙又多了一面特有的照壁。形成了“三房、两厢、一照壁”的标准格局。三房指一排正房，两侧厢房，正房对面是一大照壁，东南角是门牌坊。西南滇式民居的正脊多为“蝎子尾”，只是没有“平草盘子”而已。（参见127～129图）

图117 滇式木牌楼顶

图118 滇式牌楼鱼龙吻

图119 滇式牌楼鱼龙吻

图120 滇式砖牌楼顶

图121 滇式木牌楼顶

图122 滇式石牌楼冲天柱穿过楼顶

图123 滇式木牌楼顶及彩画

图124 滇式门牌楼顶脊也有蝎子尾

图125 滇式门牌楼

图126 滇式牌楼顶的蝎子尾儿

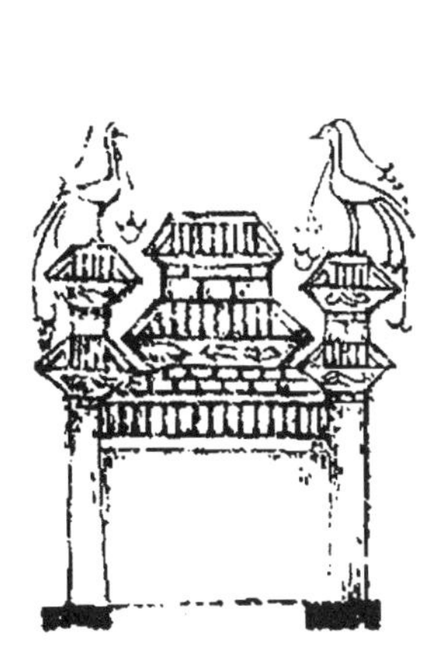

图127 汉代画像石上的阙及凤鸟

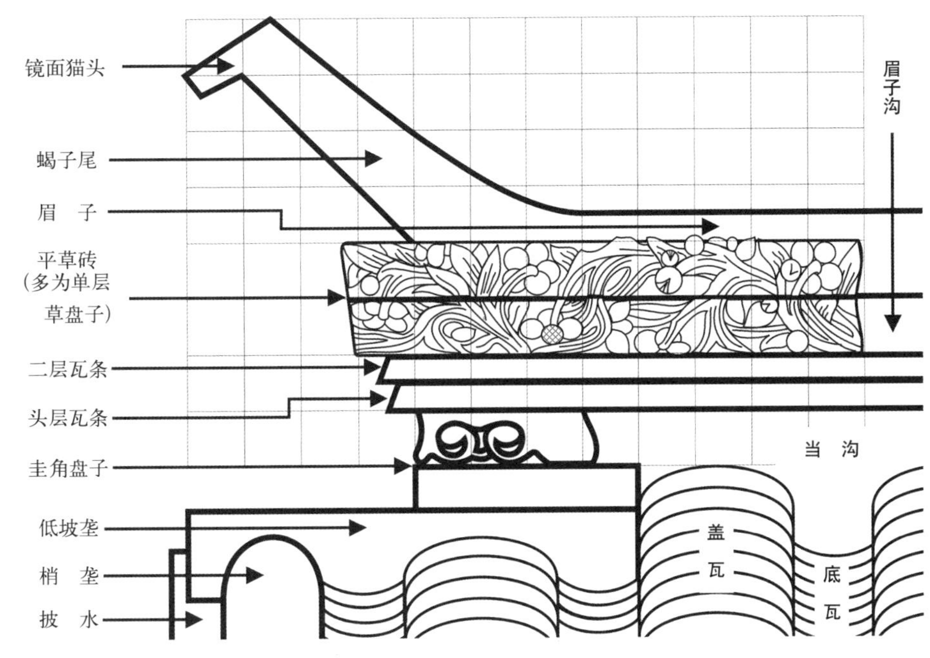

图128 四合院蝎子尾标准图形

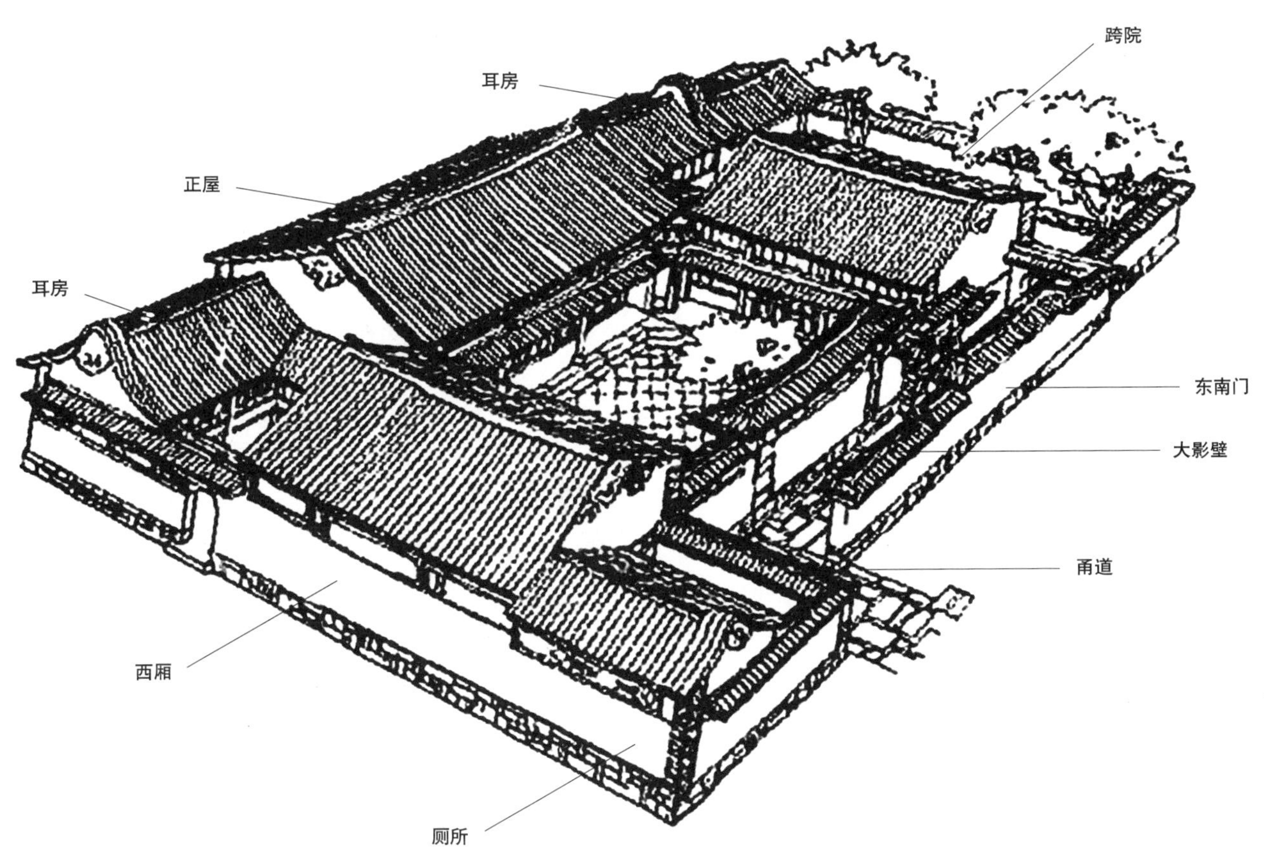

图129 三合院示意图

牌楼的斗栱

中国古典建筑最有特色也是最复杂的部分就是屋顶下的斗栱。最初的斗栱是为了使屋顶檐出更长而特意设计的木架结构。在梁思成先生所著的《清式营造则例》绪论中对斗栱的发展变化作出精确的论述，即："一是由大而小；二由简而繁；三由雄壮而纤巧；四由结构而装饰；五由真结构而假刻的部分如昂部；六分布由疏朗而繁密。"其结构形式主要分：平身科、柱头科、角科三大类，在牌楼的建筑中，也是由平身科、角科等类型所组成。在宫殿建筑中斗栱有里拽和外拽之分，而牌楼的斗栱最大特点就是前后对称、左右一致。

官式斗栱严格按皇家规定的等级制式，并以"斗口"或"柱径"为模数，由"工部"监督建造的。

自秦代以后，中国古典建筑基本上走向了标准化、制度化、集约化的良性发展道路并延续至封建社会的终结。

虽然各地的斗栱都有其地域性特色，但斗栱万变不离其宗，基本也是以固定的模数进行加工的。所以牌楼基本上不会出现结构、力学、荷载、比例等偏差而倒塌。

中国古典建筑以木结构为主，所有部件都是榫卯结合，不用铁钉不用胶，全部为插接组装。这种柔性结构不但抗震性能极佳，而且修缮和更换部件相当方便。只要告诉生产者那个部件有问题，工匠不用看图纸就能准确地加工，送到现场后当即就能顺利地更换。

斗栱的样式千奇百怪，各处具有地域特色的斗栱很难全数收集，几乎每座牌楼都是一种特殊样式。（参见130～135图）

网形栱相互交叉密如鱼网状而得名，有的网形栱没有"昂"件的配合，有的网形栱竟有与网形栱相配的长昂。这种网形栱是牌楼斗栱所特有的栱件。（参见136～138 图）

图130 公元前汉代陶楼之斗栱

图131 官式牌楼的如意斗栱

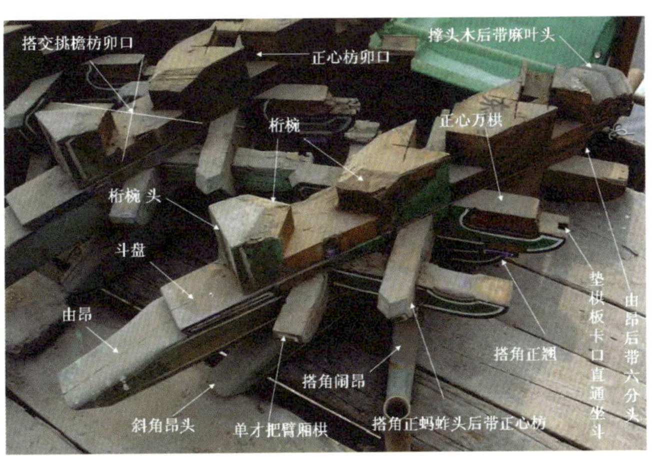

图132 官式牌楼斗栱的拆装

图133 官式牌楼斗栱

图134 晋式牌楼雕花斗栱

图135 晋式牌楼网形斗栱和长昂

图136滇式牌楼网形斗栱及倒钩昂

图137 苏式牌楼网形斗栱

图138 滇式牌楼的棹木斗栱

棹（读：兆zhào，船桨也），棹木也称枫栱。这也是牌楼所特有的斗栱。《说文解字》释："枫，枫木也。厚叶弱枝，善摇。" 枫叶有裂，边缘齿状，以此形容枫栱的形状。大多枫栱为斜置，不光是喻其有装饰作用，更对风荷载有导流作用。（参见139～141图）

木牌楼的高栱柱又被称为"通天斗"或"灯笼榫"。这是一种为了加强木牌楼的稳定性而贯通牌楼额枋或柱头上的特殊斗栱构件。这种斗栱构件像穿糖葫芦一样使层叠的栱件连在一起并固定在两层枋木之间。（参见142图）

木牌楼中还有一种特有的"通栱"，这种斗栱似乎只有斗，而栱并非通常的船形，而是通长的枋木，虽然这与官式木牌楼斗栱稍有逊色，但从结构上来分析这种斗栱却是经济又实用，还更结实耐用些。（参见143～148图）

图139 苏式牌楼的斗栱和棹木

图140 晋式牌楼的斗栱和棹木

图141 徽式牌楼的斗栱和棹木

图143 晋式牌楼的通栱

图142 官式木牌楼的高栱柱

图144 滇式牌楼的彩画通栱

图145 更简洁的通栱

图146 晋式木牌楼通栱的正面

图147 滇式石坊通栱

图148 晋式木牌楼的通栱

宋代不但流行用交隐的方法在柱头枋上刻出假栱的外形，还用合交栱或交首栱的方法连接两栱以加强斗栱的稳定性。（参见149～150图）

另有一种与通栱类似的护檐栱，护檐栱更像古典建筑的护檐板。为什么不称其为护檐板，而称其为护檐栱呢？因为护檐板只有檐下一层，而护檐栱主要还是起了通栱的作用。这种护檐栱又具有独特的装饰作用。（参见151图）

官式木牌楼在柱子、额枋和斗栱的前后都有铁挺钩，而在江南许多木牌楼中则用木挺杆。这种木挺杆又总是用枫栱连在一起的。木牌楼上的木挺杆和“撑弓”不同，“撑弓”是弓形的片状构件。还有一种叫“牛腿”的构件也与“撑弓”极易混淆。

图149 晋式木牌楼雕有各种动植物的斗栱及其上方的交首

图150 晋式木牌楼的联斗和交首栱正面

图151 独特的护檐栱

图152 滇式牌楼斗栱中的撑弓和枫栱

“牛腿”是圆柱形木构件，这种斜置的木构件也很极易与撑檐柱相混淆。因为撑弓、牛腿、斜撑檐柱都是斜置在斗栱的前后的，他们对牌楼顶的斗栱起着很重要的支撑作用。（参见152～156图）

最能反映传统古典建筑特色的构件，就是以榫卯做连接的斗栱。这是以檐柱为中心向前后延伸的结构件，斗栱不但能使出檐更长，也能分担梁架的荷载。在斗栱的下方一般都有垫栱板来分隔室内外的空间，同时也能稳定斗栱不使其左右变形。但是牌楼是单片建筑，没有室内外的区别。另外，在北方为了降低西北风对牌楼的摧残，除了将木牌楼的大花板做成镂空雕外。在牌楼的斗栱下也不做点垫栱板，以降低风阻。但在牌楼的斗栱从结构功能向装饰功能转化的过程中，也有个别的木牌楼也做垫栱板，以加强其装饰性。（参见157～162图）

图154 苏式牌楼的木挺杆和枫栱

图153 滇式牌楼的撑弓

图155 晋式牌楼的擎牛腿及角神

图156 滇式牌楼的牛腿

图157 木牌楼镂空垫栱板

图158 晋式木牌楼的垫栱板

图159 晋式木牌楼的垫栱板

图160 晋式石牌楼的垫栱板

图161 木牌楼的透雕垫栱板

图162 木牌楼的透雕垫栱板细部

在牌楼的斗栱中，"昂"是最具装饰性的。在宋代以前斗栱的昂是承托屋檐的大杠杆，它分上昂和下昂。由于牌楼的斗栱前后对称，到了明、清时代"昂"似乎成了水平的替木了而称为"假昂"。其结构功能已落后于装饰功能。由此而产生了各式的龙头昂、凤头昂、象头昂、熊头昂、云头昂等花样昂头。（参见163～174图）

各地牌楼虽然千奇百怪，让人难以捉摸。但是，从官式牌楼中还是能够找到其设计理念和基本规律的。也就是说各类牌楼"虽万变，而未离其宗"。故此官式木牌楼的斗栱就成为各式牌楼斗栱的参照范例。（参见175～183图）

在中国古代，早期的斗栱就有许多奇怪的造型，是什么心理因素使中华民族对这种以平衡为原理的计量具，被选为建筑构件并坚守五千年呢？是什么思维导向使这种斗和栱延续了历朝历代并使斗栱的样式不断地翻新呢？

斗夲是容积式计量谷物的器具，楮是天秤式的称量器具，尤其是"挑金斗栱"和"落金斗栱"的尾部，就直接称其为秤杆。无论是斗还是栱其实就是财富的象征。（参见184～190图）

木牌楼的斗栱与其他古典建筑的斗栱还有个不同之处。在官式木牌楼的斗栱下方有个不被人注意的木构件，这就是"枕头木"。在清代建筑中这个名称会与角翼檐椽下的木构件相混淆。这个木构件在宋代《营造法式》中被称为"衬头木"，而在清代的《工程做法则例》中又被称为"枕头木"。在专述江南做法的《营造法原》中被称为"戗山木"。为了防止这两个木构件相混淆，还是恢复宋代的称谓为佳。（参见191～192图）

牌楼的斗栱与牌楼的式样有着密切的关系，不同式样的牌楼必然就会有不同式样的斗栱。（参见193～205图）

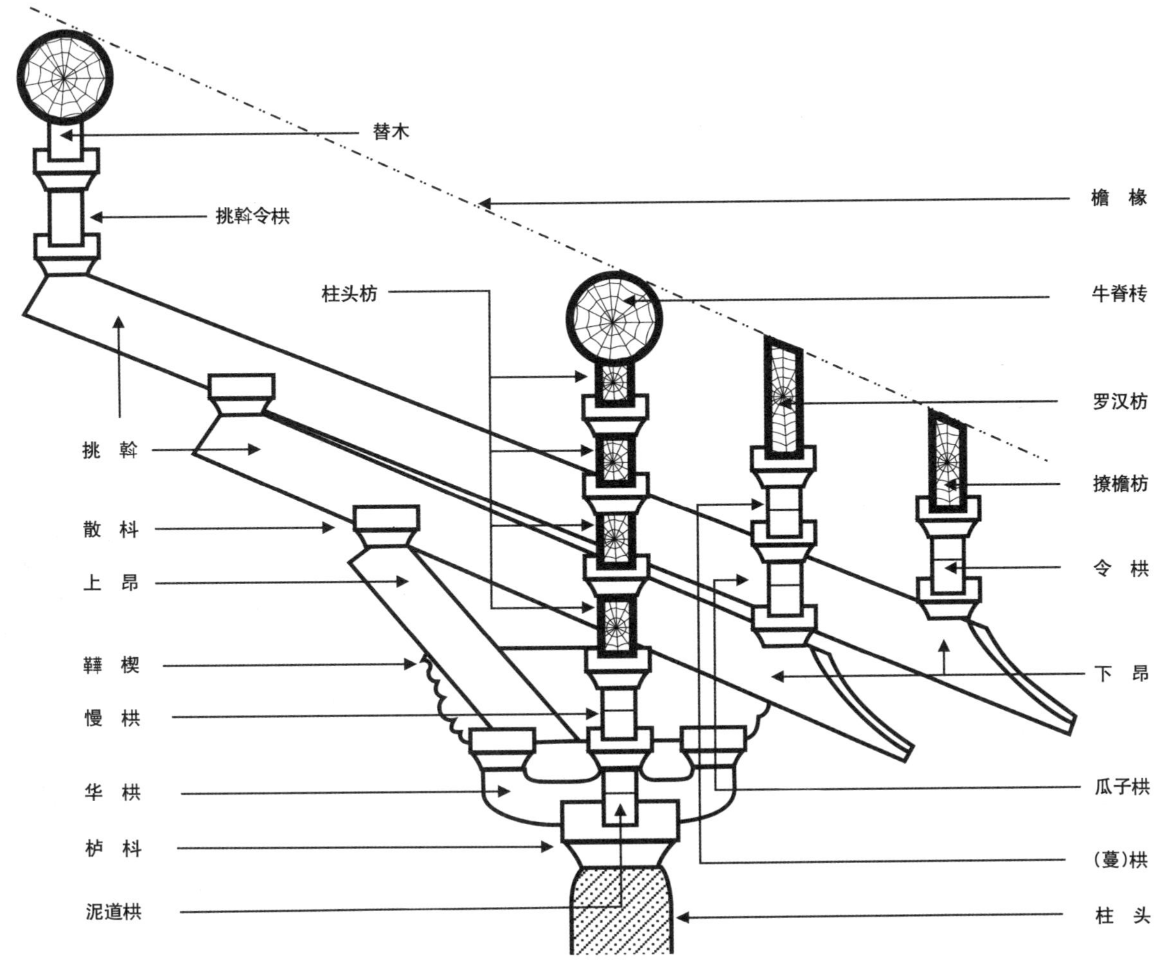

图163 宋代斗栱各部名称

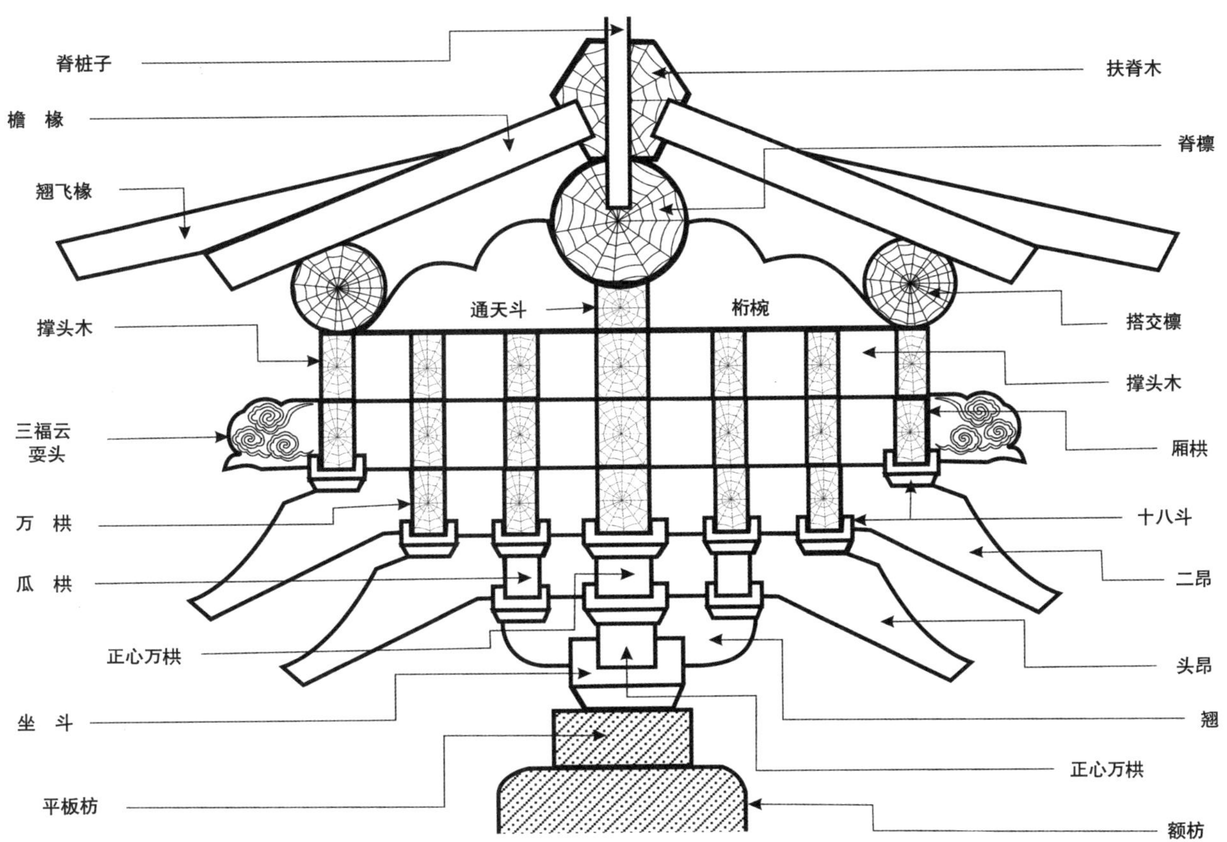

图164 清代官式斗栱各部名称

图165 滇式象头昂

图166 晋式云头昂

图167 晋式龙头昂特写

设计说明

张家口市大境门是明代长城的重要关口。大境门关口有石匾，上书苍劲巨字“大好河山”。过去出此关既称“口外”。其南原有一座绝无仅有的龙头斗拱木牌楼。可惜这座与关口配套的标志性古建筑已经荡然无存了，现在只有地名还在默默地追忆着当年的风采。此牌楼有三绝：首先龙头斗拱乃古今绝无，二是有匾额无花板，其匾之题词为“皇路清夷”用现代话解释为“国道无险”。两边的花板无雕饰，而有皇榜。北面匾额上书“边门重镇”其第三绝是若大的楼顶没有其他木牌楼必不可少的铁挺勾加固，两柱直穿到顶。此牌楼为苏式彩画，楼顶有明显的江南风骨，这种南北交融的牌楼在西北边关实属少见。牌楼四角旋挂四只铁铃，西风劲吹呼应着远方的驼铃声。此古建精品何时能重见天日？

改革开放以来张家口的城市建设日新月异，这一京北重镇吸引了众多中外宾客。长城边关大境门也是旅游观光的重要景点。恢复大境门牌楼并在此开辟一条以旅游为主题的步行街，实为明智之举。以旅游热点拉动经济发展早有先例。

只有民族的才是世界的，愿重建的“皇路清夷”古建牌楼成为张家口的重要之标识！，

明代晋式龙头斗拱单门木牌楼					
设计	Hanchangkai			比例	1:50
柱径	400MM	斗口	65MM	日期	2005.1.8

图168 晋式牌楼立面图

图169 滇式牌楼万象斗栱

图170 滇式牌楼的斗栱和凤头昂

图171 滇式牌楼斗栱直头昂

图172 滇式牌楼云头斗栱

图173（左）晋式木牌楼九踩大斗栱

图174（右）粤式牌楼莲花夔龙斗栱

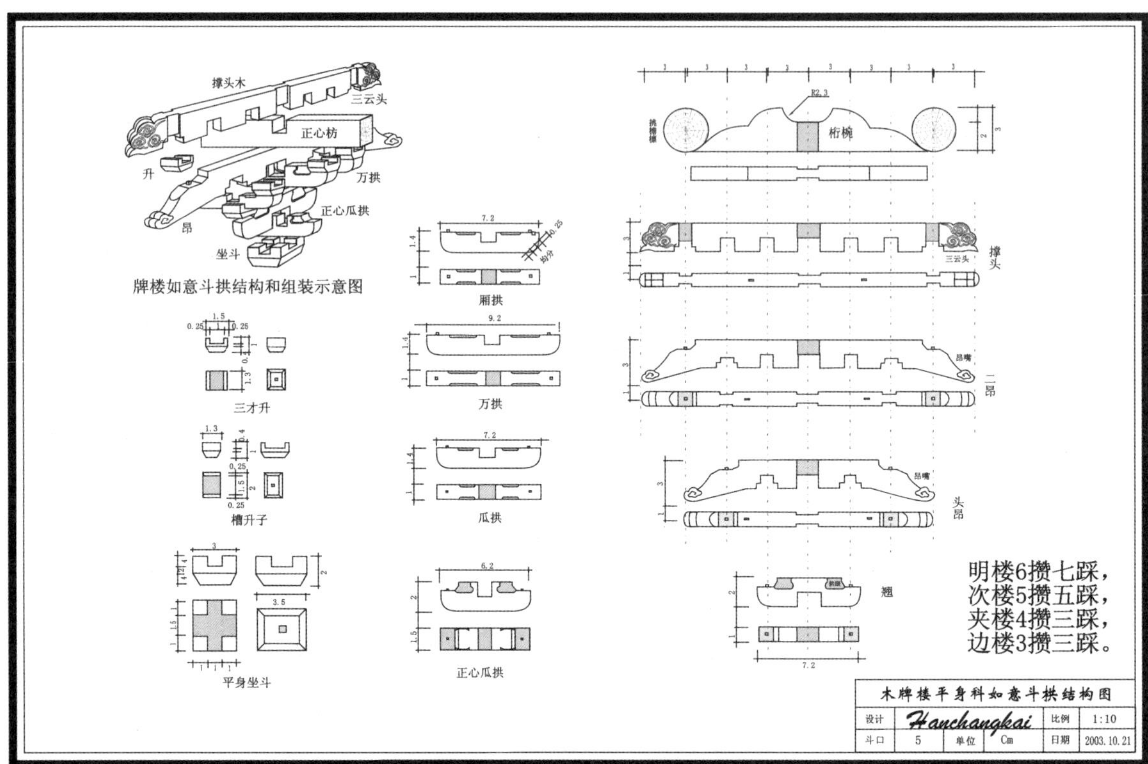

图175 官式木牌楼斗栱分层图纸

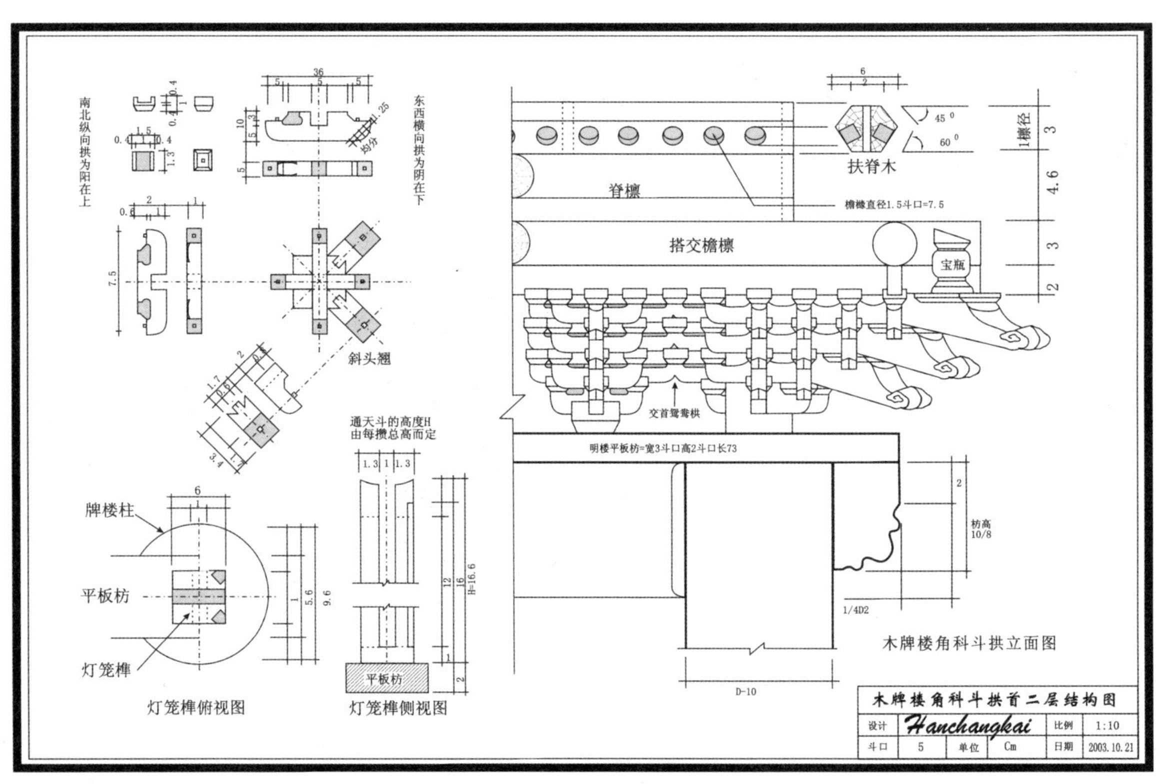

图176 官式木牌楼斗栱分层图纸

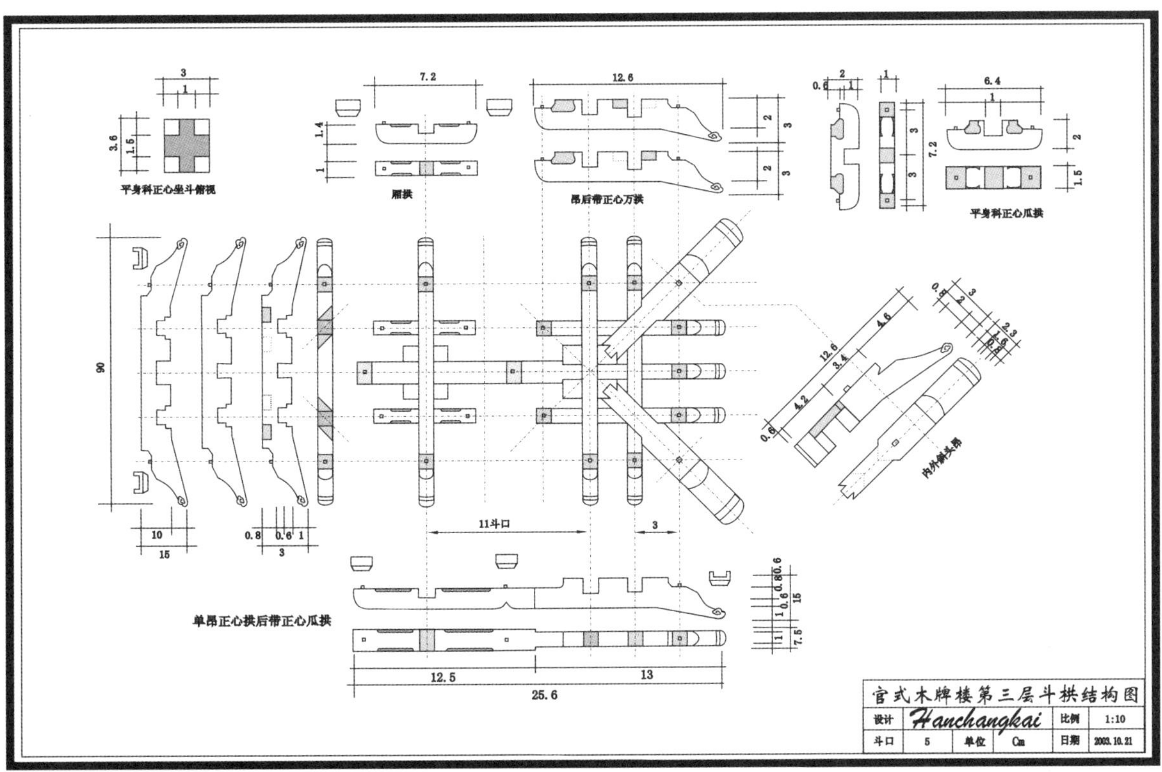

图177 官式木牌楼斗栱分层图纸

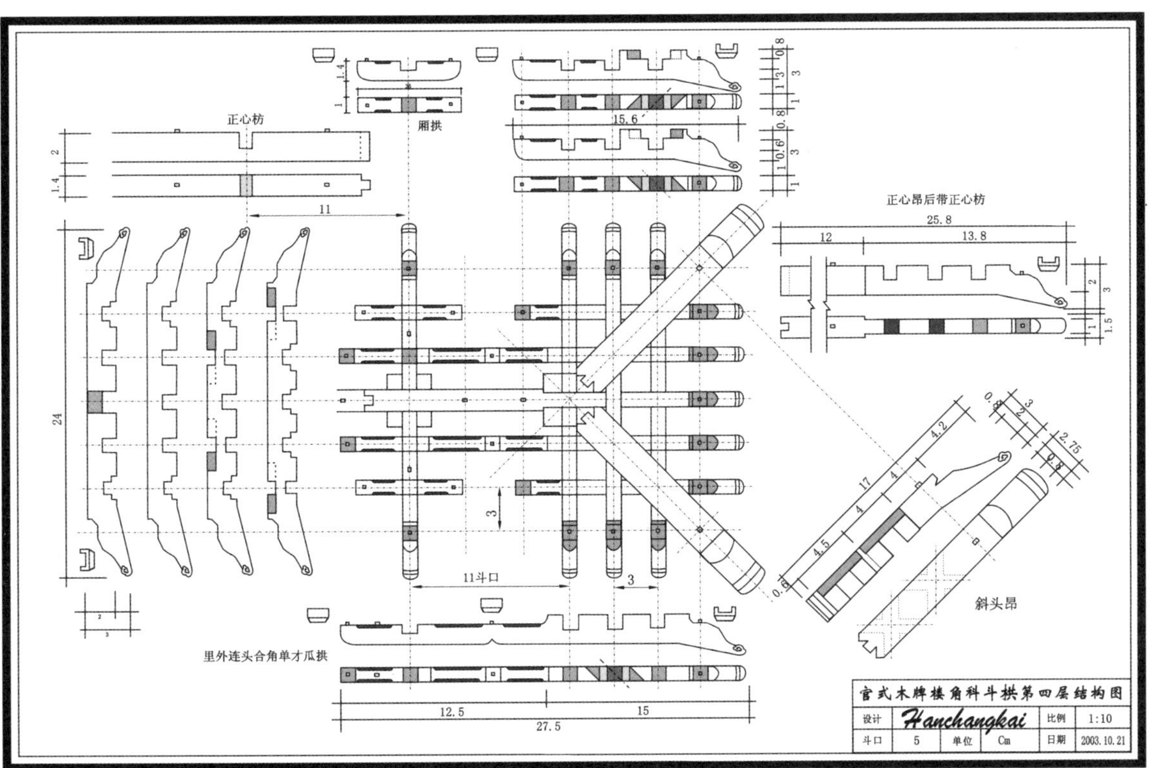

图178 官式木牌楼斗栱分层图纸

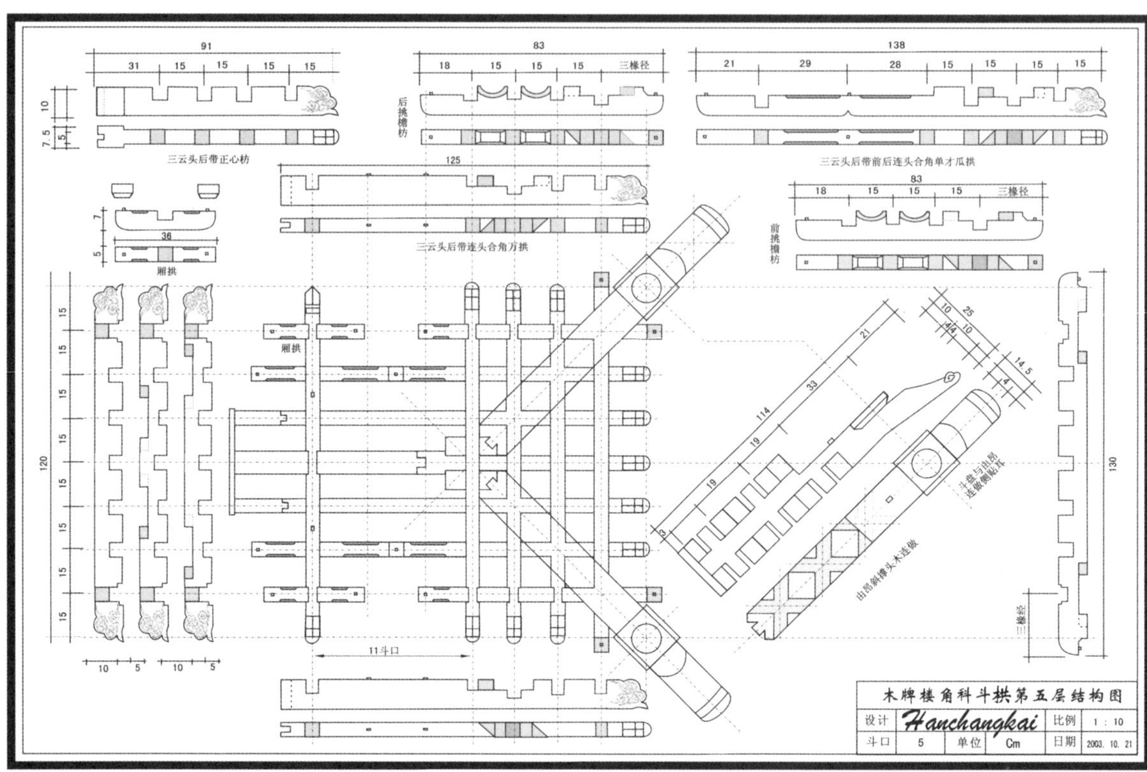

图179 官式木牌楼斗拱分层图纸

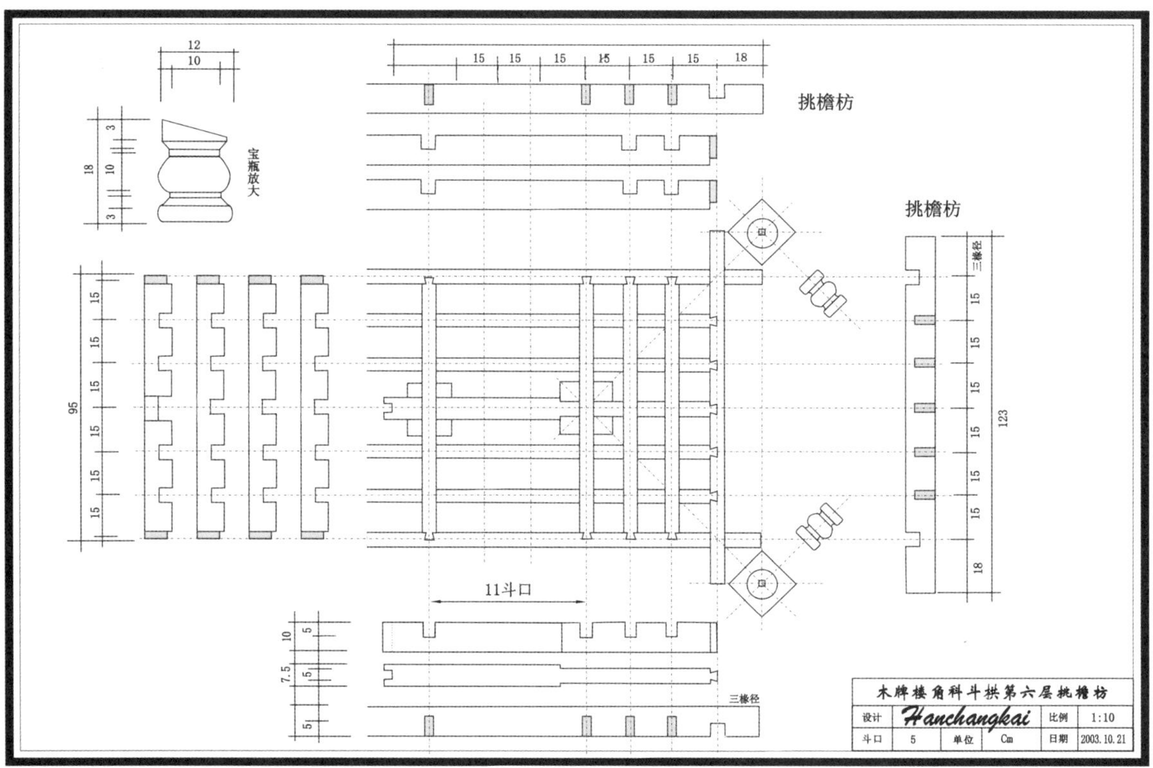

图180 官式木牌楼斗拱分层图纸

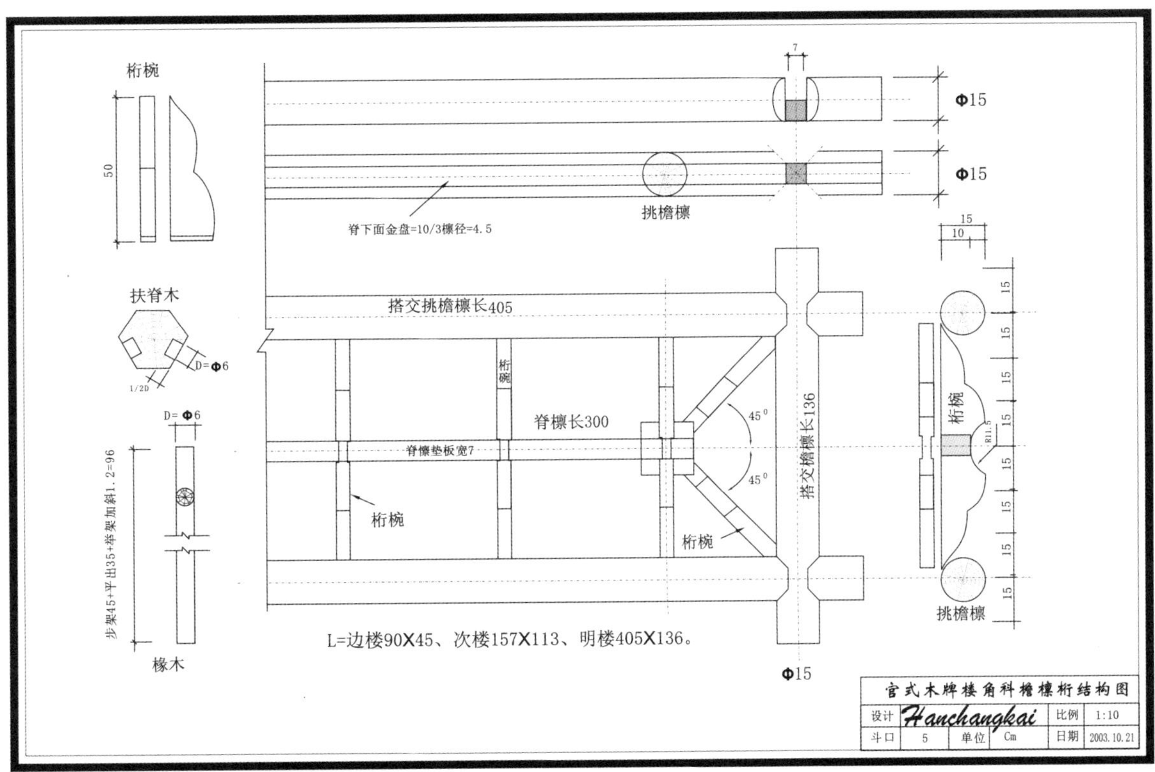

图181 官式木牌楼斗栱分层图纸

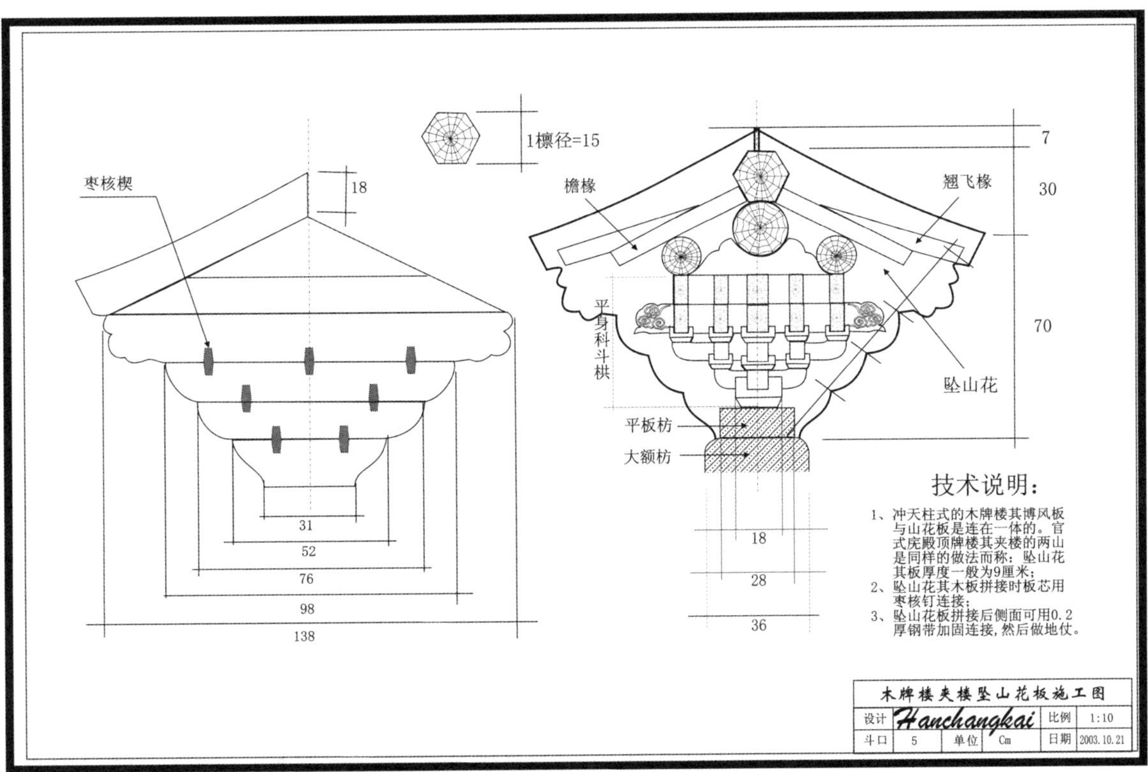

图182 官式木牌楼夹楼坠山花及斗栱剖视图

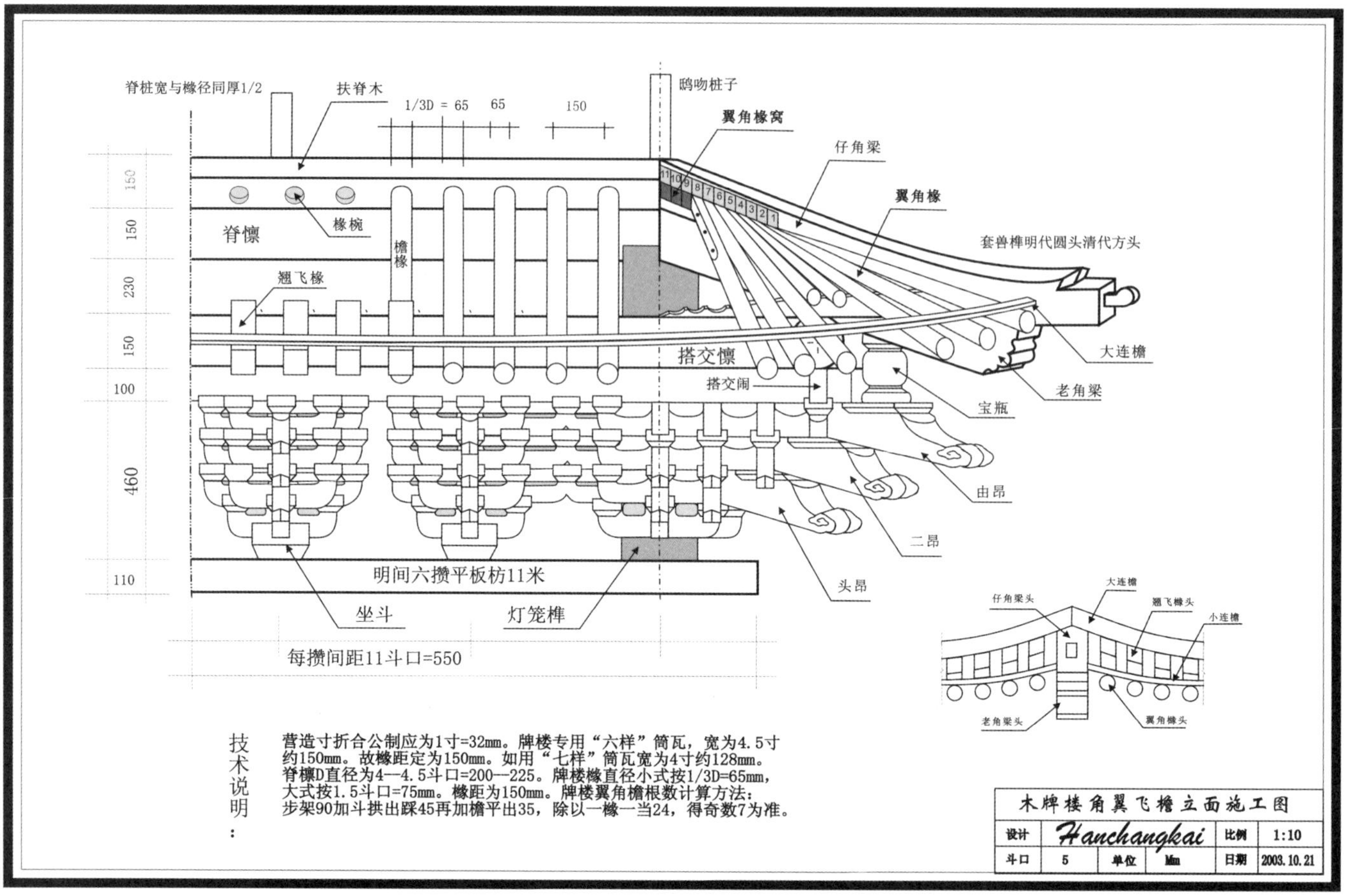

脊桩宽与椽径同厚1/2
扶脊木
1/3D = 65　65　150
鸱吻桩子
翼角椽窝
仔角梁
翼角椽
套兽榫明代圆头清代方头
150　150　230　150　100　460　110
脊檩
椽椀
檐椽
翘飞椽
搭交檩
搭交闹
大连檐
老角梁
宝瓶
由昂
二昂
头昂
明间六攒平板枋11米
坐斗
灯笼榫
每攒间距11斗口=550
仔角梁头
大连檐
翘飞椽头
小连檐
老角梁头
翼角椽头

技术说明：

营造寸折合公制应为1寸=32mm。牌楼专用“六样”筒瓦，宽为4.5寸约150mm。故椽距定为150mm。如用“七样”筒瓦宽为4寸约128mm。脊檩D直径为4—4.5斗口=200—225。牌楼椽直径小式按1/3D=65mm，大式按1.5斗口=75mm。椽距为150mm。牌楼翼角檐根数计算方法：步架90加斗拱出踩45再加檐平出35，除以一椽一当24，得奇数7为准。

木牌楼角翼飞檐立面施工图					
设计	Hanchangkai			比例	1:10
斗口	5	单位	Mm	日期	2003.10.21

图183 牌楼角翼飞檐立面

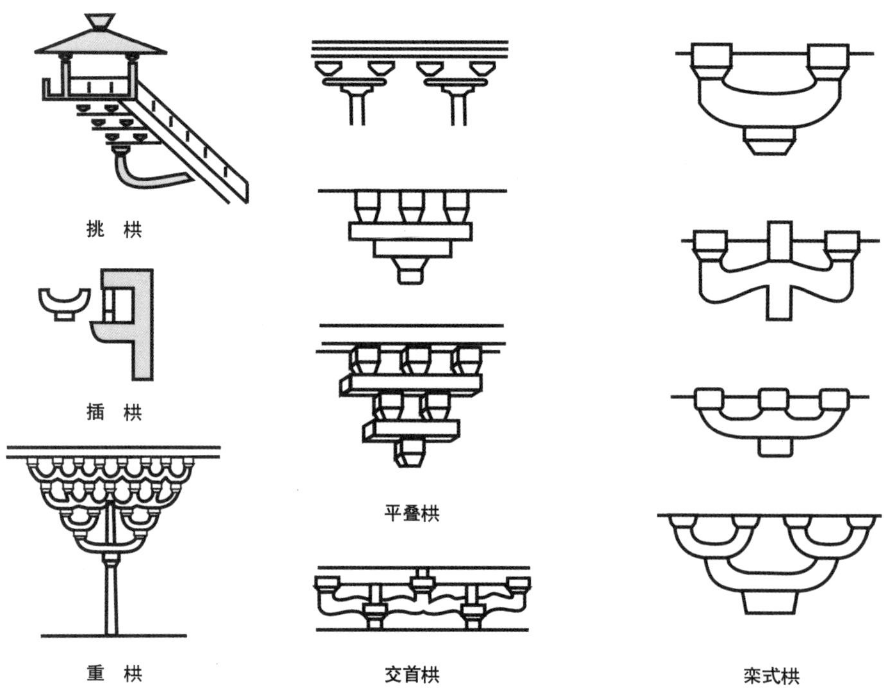

图184 古代各式斗栱

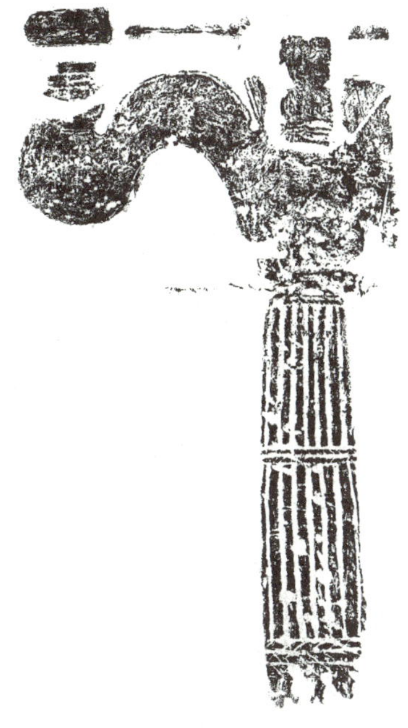

图185 汉代拓石斗栱

图186 汉代陶楼斗栱

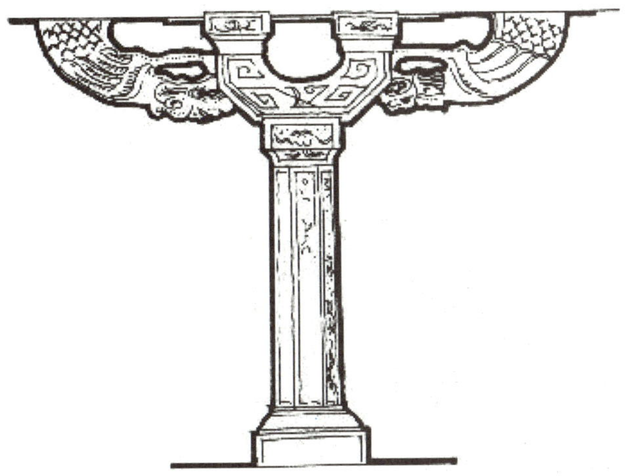

图187 汉代石雕斗栱

图188 汉代锐角斗栱

图189 山东孔林大斗石牌楼

图190 有斗无栱的砖牌楼

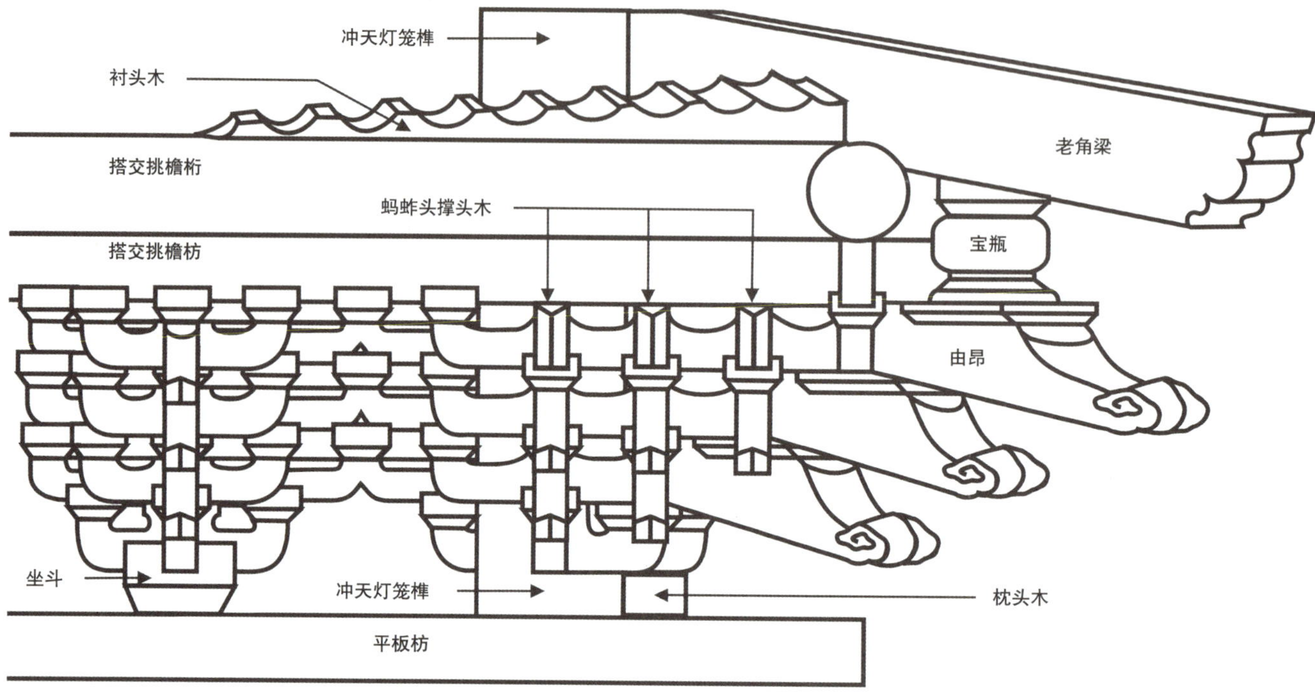

图191 官式木牌楼斗栱的枕头木和衬头木

图192 官式木牌楼斗栱的枕头木

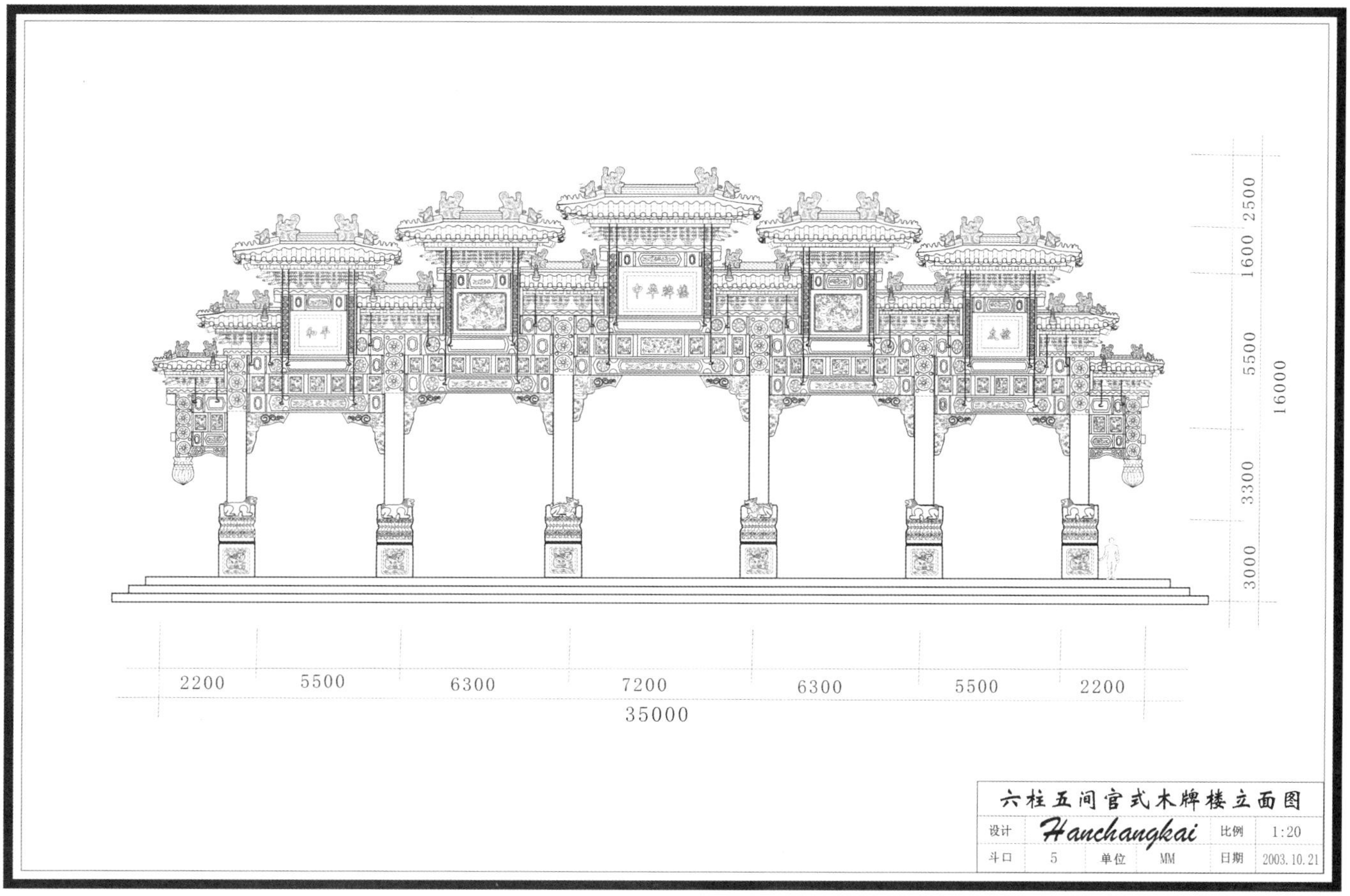

六柱五间官式木牌楼立面图

设计	Hanchangkai	比例	1:20
斗口	5 单位 MM	日期	2003.10.21

图193 官式木牌楼立面图

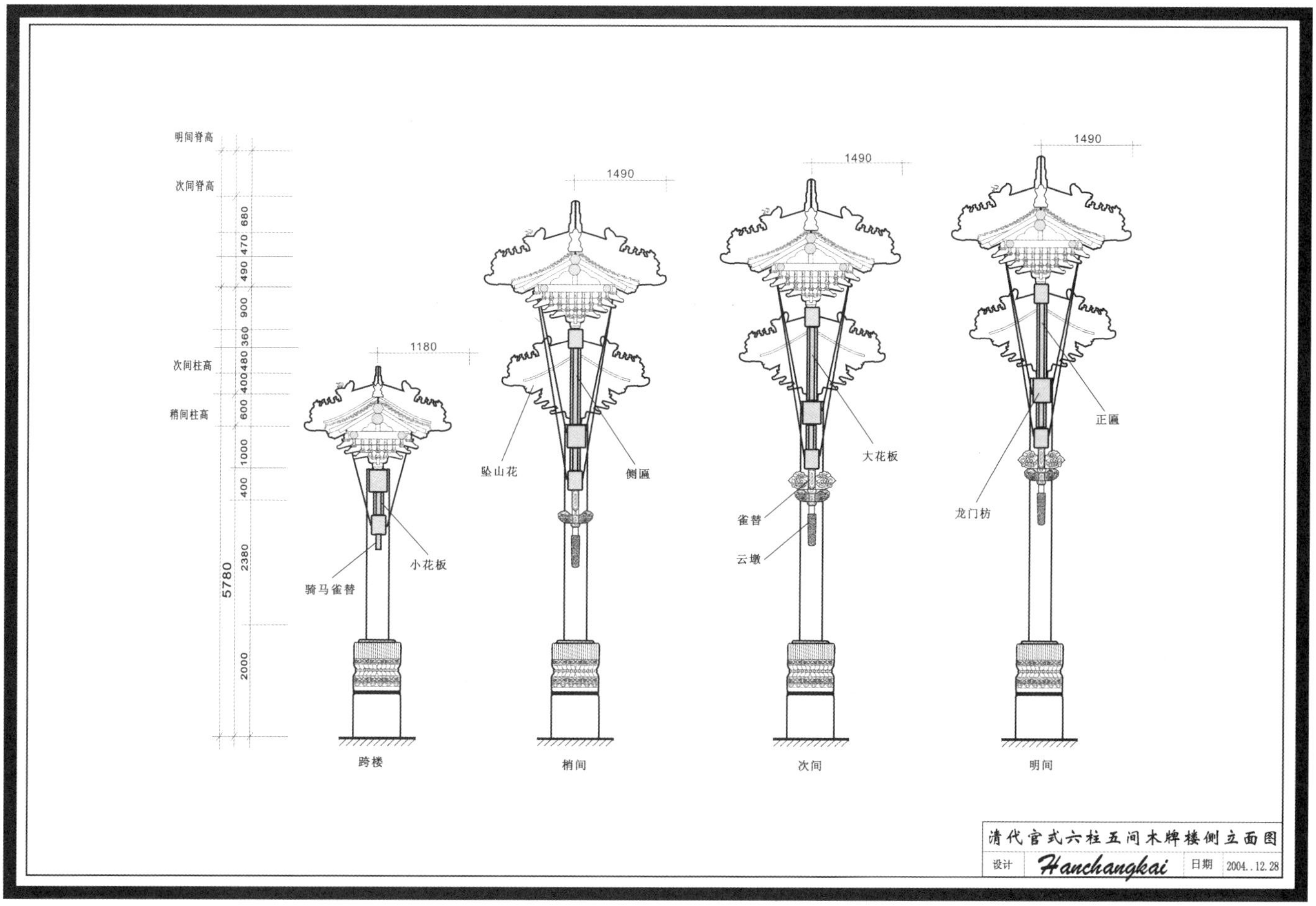

清代官式六柱五间木牌楼侧立面图

设计	Hanchangkai	日期	2004.12.28

图194 官式木牌楼侧视图

图195 官式木牌楼及其斗栱

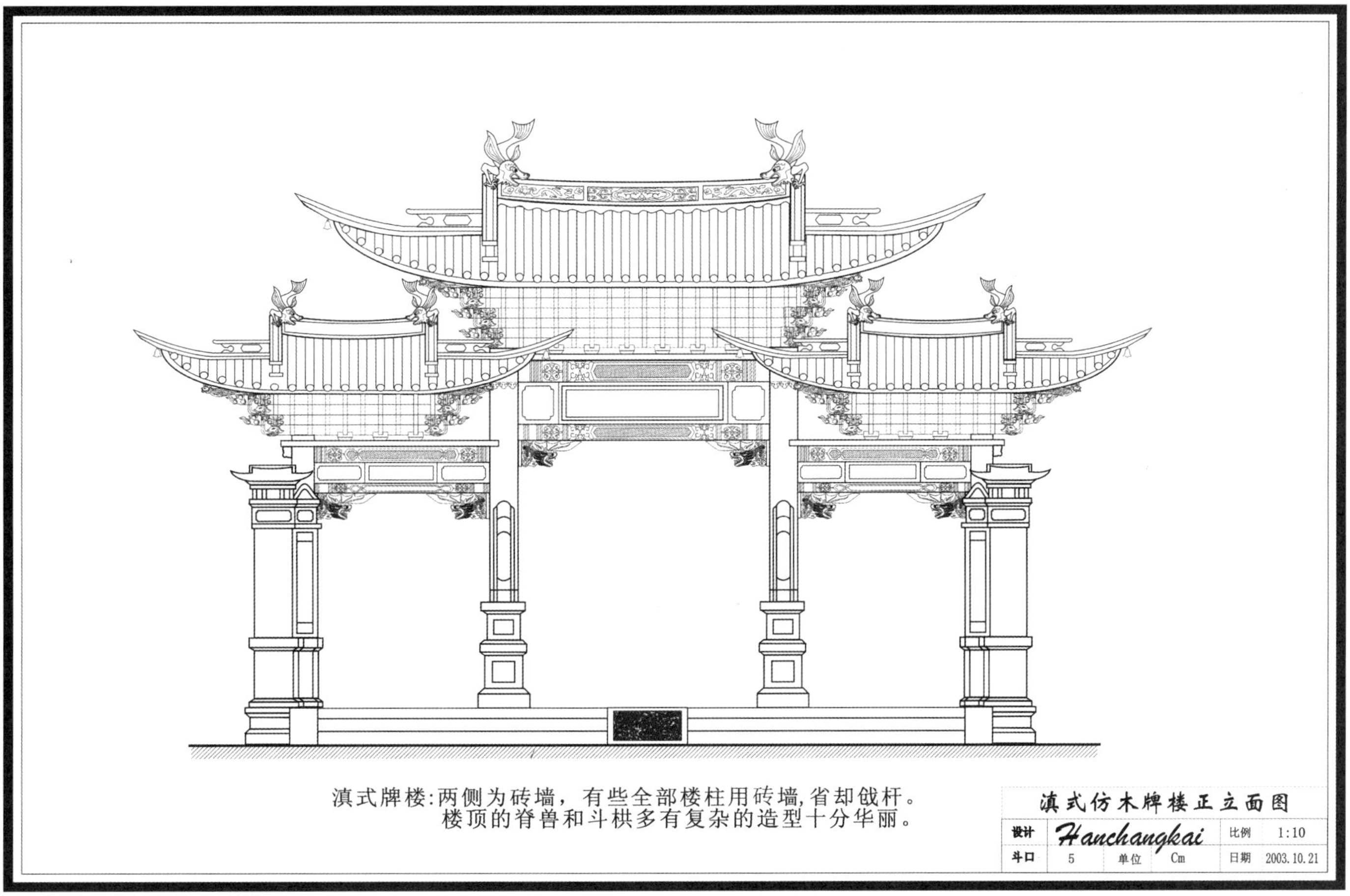
滇式牌楼:两侧为砖墙，有些全部楼柱用砖墙,省却戗杆。
楼顶的脊兽和斗栱多有复杂的造型十分华丽。
滇式仿木牌楼正立面图
设计
Hanchangkai
比例 1:10
斗口 5 单位 Cm 日期 2003.10.21

图196 滇式牌楼立面图

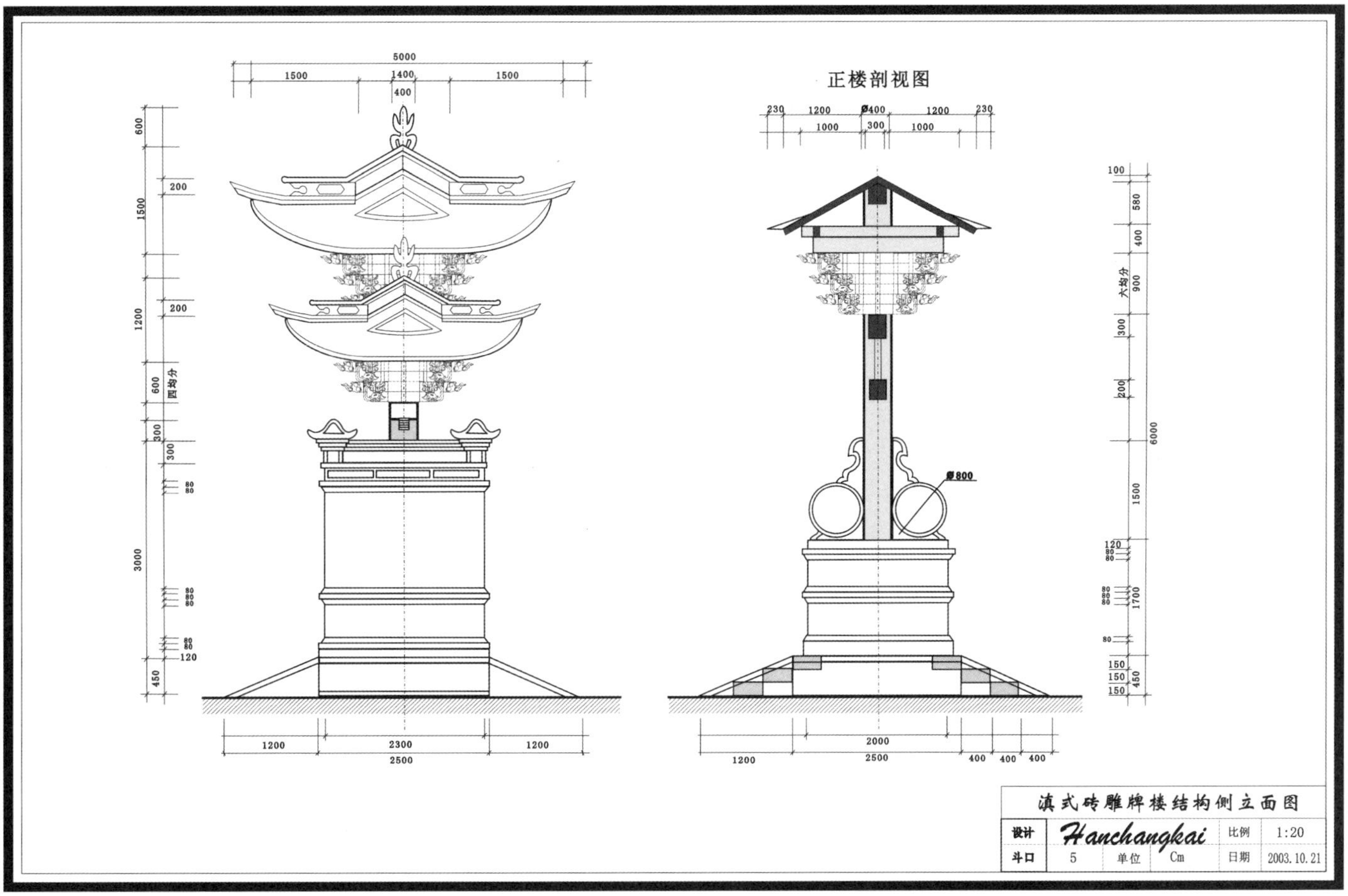
正楼剖视图
5000
1500 1400 1500
400
600
200
1500
200
1200
600 四均分
300
300
80 80
3000
80 80 80
80 80
120
450
1200 2300 1200
2500
230 1200 Ø400 1200 230
1000 300 1000
100
580
400
900 六均分
300
200
6000
Ø800
1500
120 80 80
80 80 80 1700
80
150 150 150 450
2000
1200 2500 400 400 400
滇式砖雕牌楼结构侧立面图
设计
Hanchangkai
比例 1:20
斗口 5 单位 Cm 日期 2003.10.21

图197 滇式牌楼侧面图

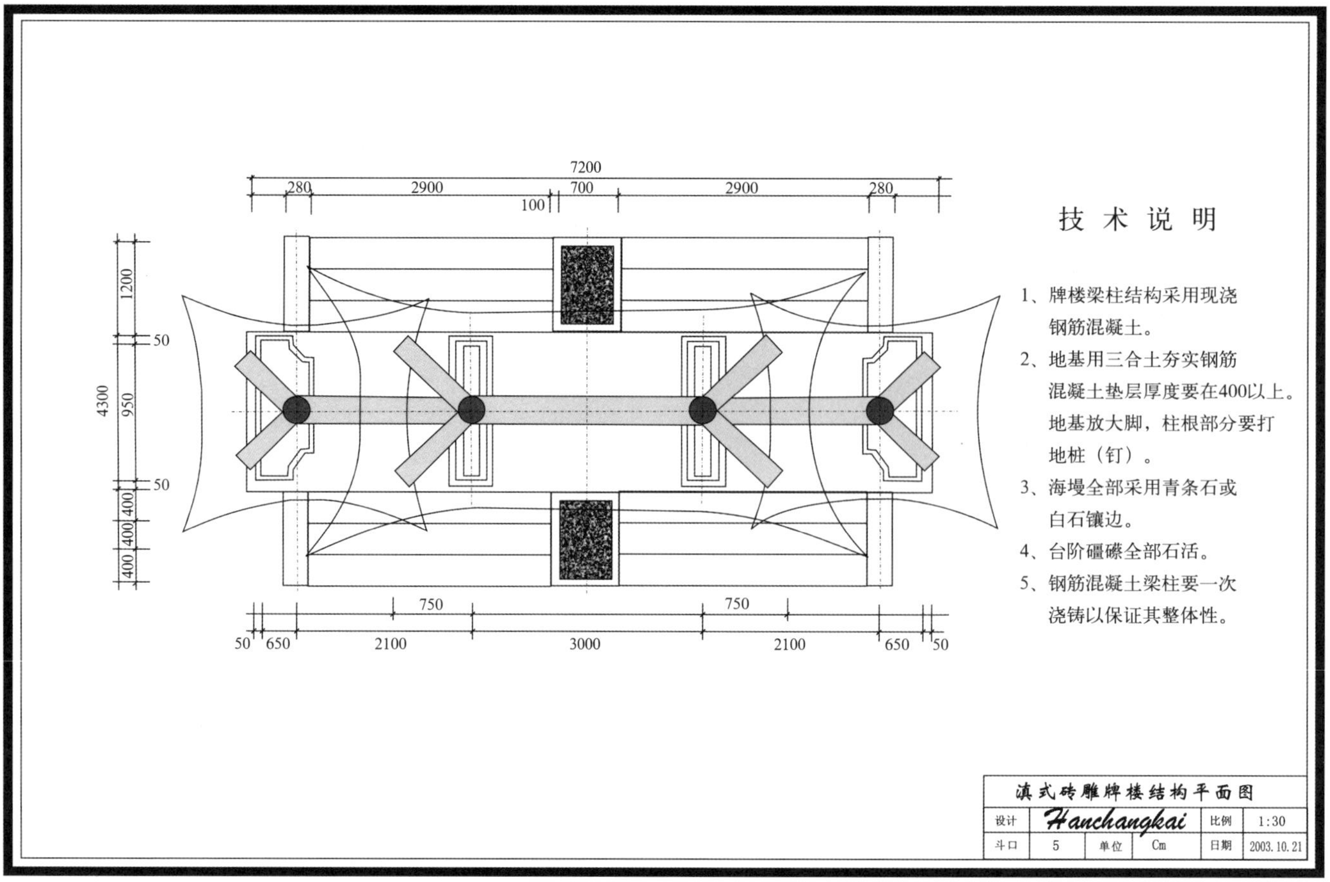

图198 滇式牌楼平面图

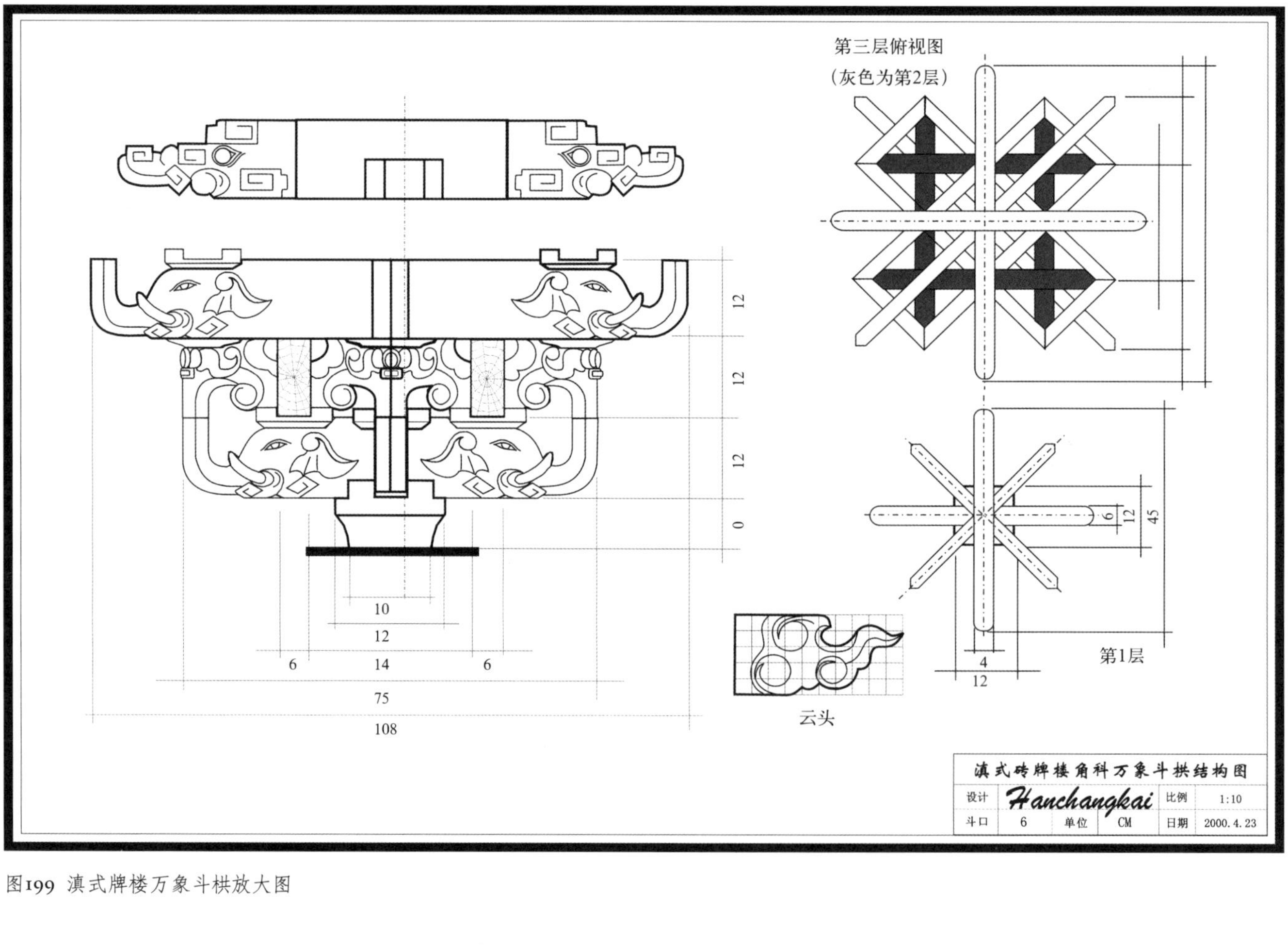

图199 滇式牌楼万象斗栱放大图

粤式牌楼:主柱前后各出辅柱代替了戗杆的功能。
楼顶的脊兽多有复杂的造型十分华丽。

四圆木柱八方石柱三间四楼坊					
设计	Hanchangkai			比例	1:150
单位	Mm	柱径	600	日期	2007.1.16

图200 粤式十二柱三间木牌楼

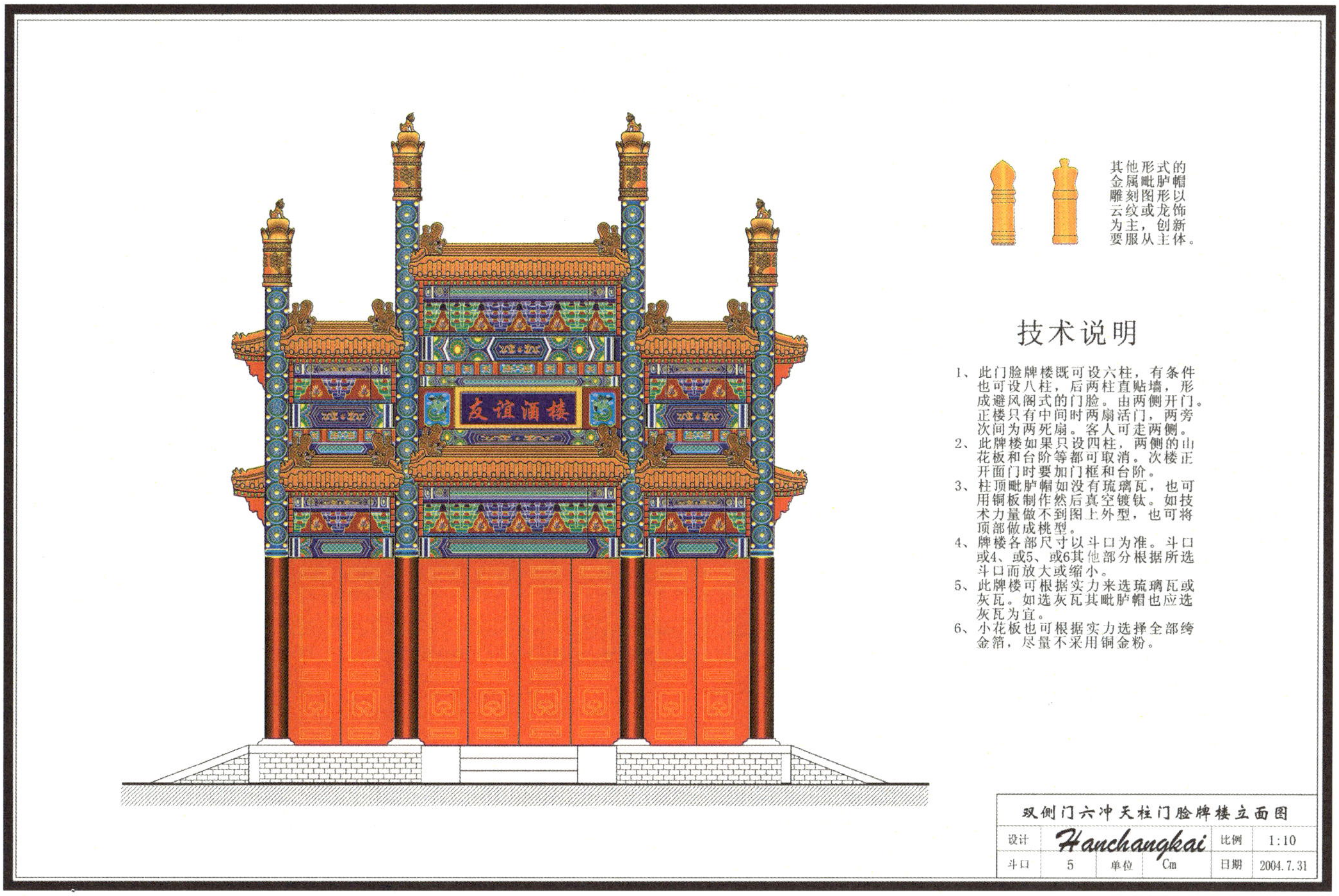

友谊酒楼

其他形式的金属毗胪帽雕刻图形以云纹或龙饰为主，创新要服从主体。

技术说明

1、此门脸牌楼既可设六柱，有条件也可设八柱，后两柱直贴墙，形成避风阁式的门脸。由两侧开门。正楼只有中间时两扇活门，两旁次间为两死扇。客人可走两侧。
2、此牌楼如果只设四柱，两侧的山花板和台阶等都可取消。次楼正开面门时要加门框和台阶。
3、柱顶毗胪帽如没有琉璃瓦，也可用铜板制作然后真空镀钛。如技术力量做不到图上外型，也可将顶部做成桃型。
4、牌楼各部尺寸以斗口为准。斗口或4、或5、或6其他部分根据所选斗口而放大或缩小。
5、此牌楼可根据实力来选琉璃瓦或灰瓦。如选灰瓦其毗胪帽也应选灰瓦为宜。
6、小花板也可根据实力选择全部绮金箔，尽量不采用铜金粉。

双侧门六冲天柱门脸牌楼立面图					
设计	Hanchangkai			比例	1:10
斗口	5	单位	Cm	日期	2004.7.31

图201 官式门脸木牌楼

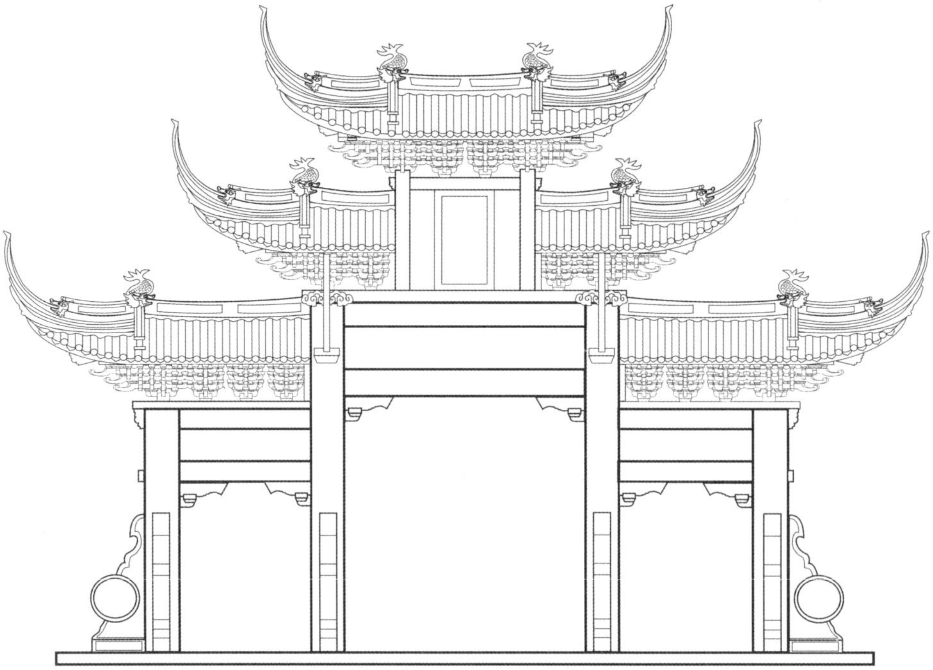

规制简介：苏式木牌楼以方石柱居多，楼顶老角梁多有嫩戗，而使角脊高翘。苏式牌楼的楼顶不用铁挺钩，木挺杆上多用绰木装饰。牌楼石柱不用夹杆石而用抱鼓子加固。

苏式石柱木牌楼立面图					
设计	Hanchangkai			比例	1:20
斗口	5	单位	MM	日期	2003.10.21

图202 苏式石柱木牌楼

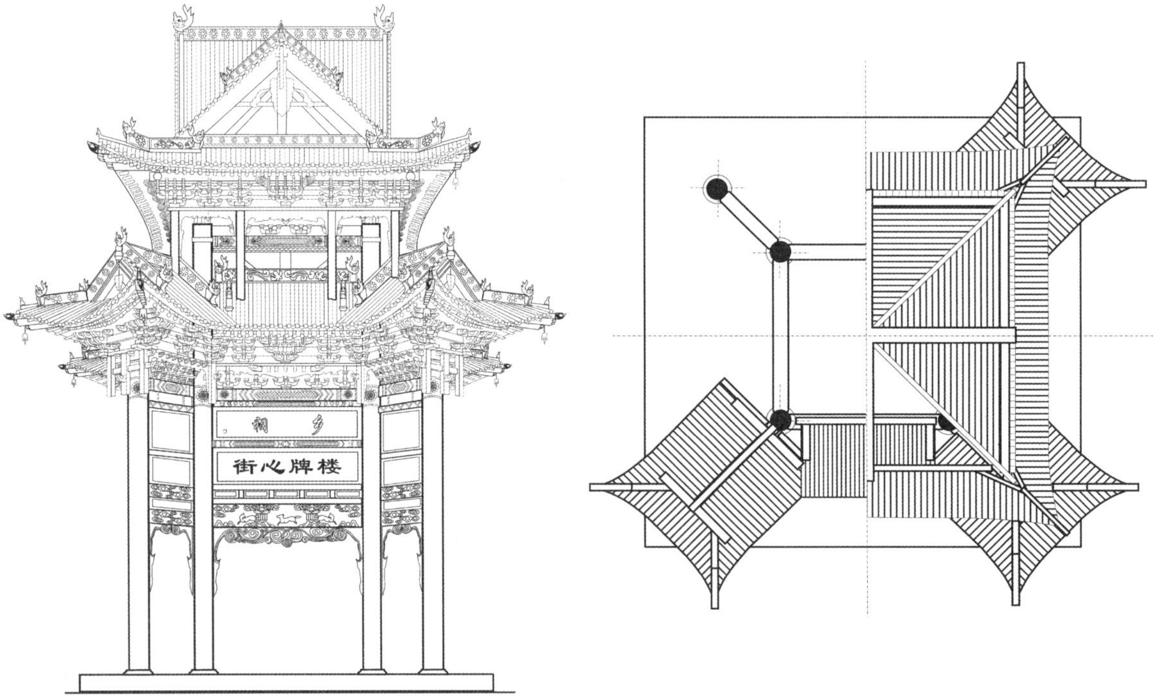

乡 祠

街心牌楼

四爪木牌楼结构示意图					
设计	Hanchangkai			比例	1:100
柱径	600	单位	MM	日期	2007.1.14

图203 晋式街心四爪木牌楼

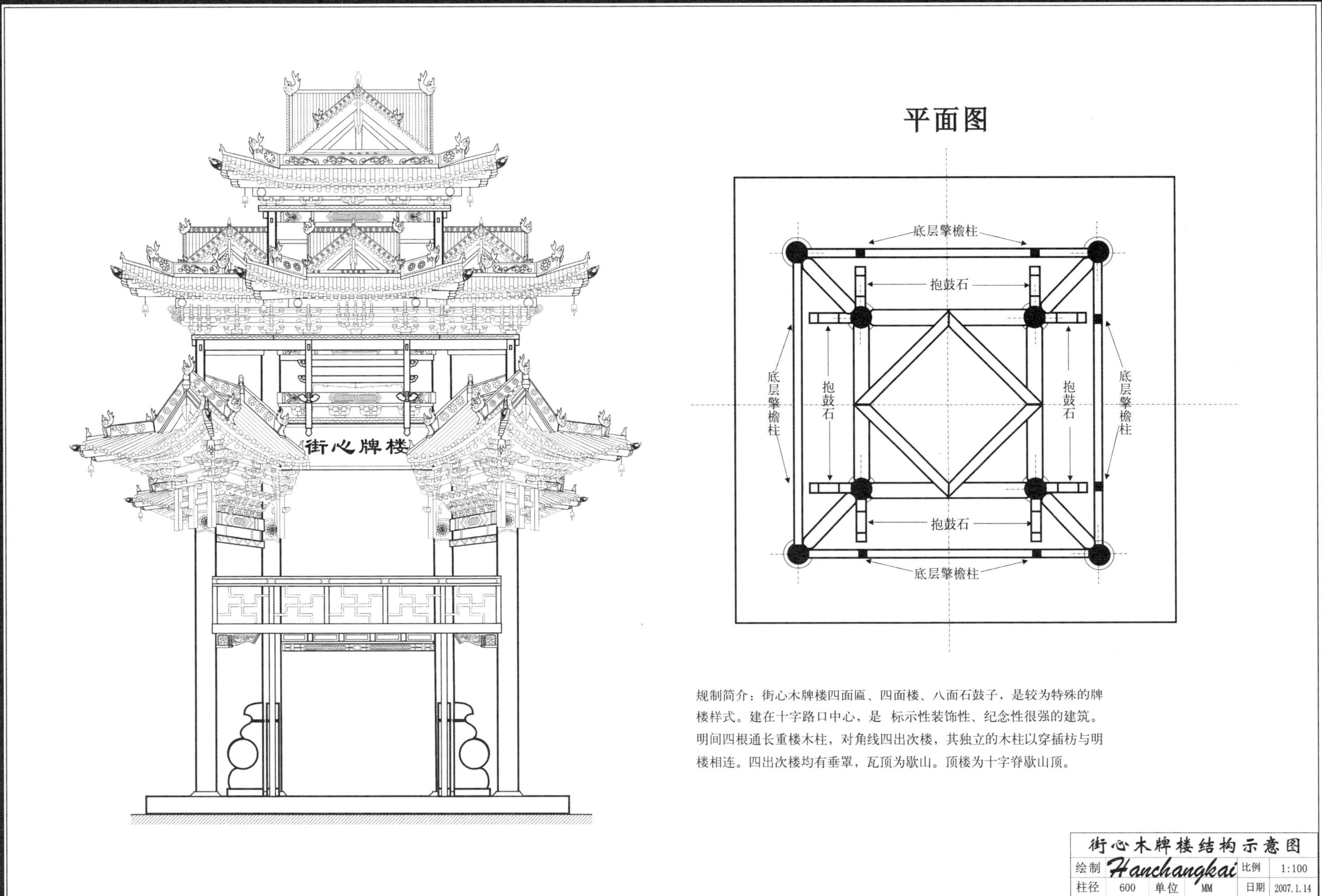

图204 晋式街心四面木牌楼

亭式牌楼梁柱布局示意图

图205 攒尖顶的亭式牌楼

牌楼的匾额

牌楼之所以称为牌楼，其最主要的原因是牌楼上的有块"匾"，也就是因这"牌"而缘起的。在古代如果居住小区里出了优秀人物，必定要在坊门上挂块"匾"来加以表彰的。尤其是由皇帝出面赠匾，那就是全国范围内的最高荣誉。这种非物质的表彰被臣民看作比赠物的意义更崇高和值得荣耀。在封建社会赏赐牌匾或敕建牌坊的传统风俗，已经深入到人们的骨髓并融化在血液之中。敕建牌坊成了皇帝对臣民的最高奖赏。为了显示这种至高无上的荣誉，建造牌坊时还特在匾额的顶端挂上一方"斗子匾"。凡上刻"圣旨"二字的证明是由皇家出资，镌为"敕建"是由地方资助，而写为"恩荣"就要自掏腰包了。也有刻上"玉音"的是取"金口玉言"之意，说明虽没有建坊的圣旨，但是皇帝亲口说的，只有皇帝御批才可建坊。封建家庭寡居的女性，为了得到皇帝赏赐的一块小牌牌，而牺牲一生一世的幸福，含辛茹苦地孤独挣扎，只为死后能建座"贞节烈女"的牌坊。古代为死者立石碑为生者立牌坊的民风，代代相传而生生不息。（参见206～208图）

宋代的陈善在《扪蝨新话》中记载："前世牌额，必先挂而后书。碑石必先立而后刻……，今则先书而后挂。"古时匾额多是横排版式。自古牌楼的额枋都是横长竖短，所以牌楼的匾额都是横排版式。只不过都是按古人的书法习惯从右向左的顺序书写的，只有少数为竖排的匾。（参见209～226图）

值得一提的是在北京中山公园内的一座石牌楼。公元1900年英、俄、日、德等国借口保卫使馆侨民为名，纠集"八国联军"约3万兵力攻占了北京。是年6

图206 牌坊上的"斗子匾"

图207 石牌坊上皇封的"恩荣"竖匾

图208 石牌坊上"玉音"斗子匾

图209 琉璃砖牌楼汉白玉匾额

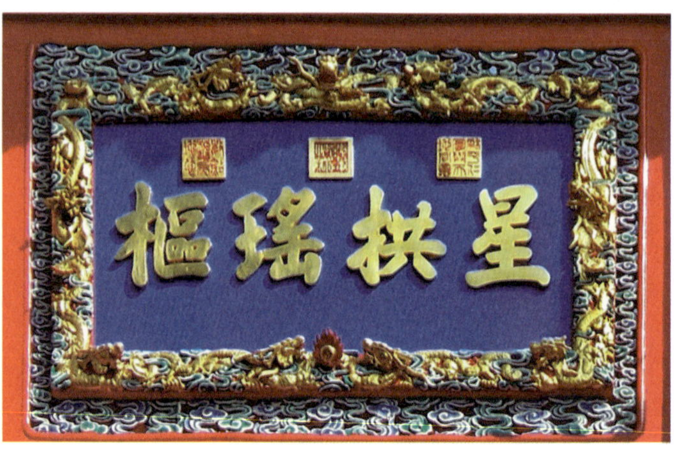

图210 官式木牌楼的蓝地镏金立体字九龙匾

图211 滇式木牌楼的金地横匾

图212 滇式木牌楼的红地金字六龙匾

图213 苏式木牌楼的黑地横匾

图214 北京“宗镜大昭”琉璃牌楼满汉藏蒙四体匾

图215 科甲功名大石坊的匾额

图216 滇式木牌楼的竖排匾额

图217 砖牌楼的竖排匾额

图218 粤式牌楼的竖排斗子金匾

图219 十二条金龙盘框的汉白玉大匾额

图220 同有竖匾和横匾的晋式砖牌楼

图221 故意写错字的牌匾

图222 牌楼斗子匾

图223 太监为学堂题字匾

图224 兵部首领题字匾

图225 皇帝亲笔题字匾

图226 石牌楼阴文匾

月2日德国公使克林德，乘轿车前往总理衙门。在途经总布胡同西口时，不服巡逻盘查并向清兵开枪挑衅，被端王载漪的虎神营士兵还枪击毙。

1902年9月清光绪皇帝与十一个帝国主义国家签订的丧权辱国的《辛丑条约》。条约中要求清政府在克林德被击毙处修建“克林德碑”以作纪念。1903年1月18日克林德牌坊建成。这是座汉白玉的楼体，四柱三间七楼，蓝色琉璃瓦楼顶的石坊，明间正楼上悬挂“圣旨”斗子匾。正面大匾额处铭刻着：由于庚子年义和团拳民之变，致使德国公使被杀，有幸与帝国议和告成，特立此坊以作记念……。在这段耻辱汉字两旁的花板上，各刻有英文、法文和拉丁文。在举行牌坊建成典礼时，清政府特派醇亲王载沣前往致祭，丢尽了国人的脸面。（参见227图）

1918年第一次世界大战结束，德国被协约国战败。我国也是协约国之一，所以也算是对德战胜国。胜利的喜讯使北京市民群情激昂，纷纷要求捣毁“克林德牌坊”以雪中国人的耻辱。但是协约国和当时的军阀都宣扬这是“公理战胜”。1919年，这座意味着民族侮辱的石坊移至中央公园（今北京中山公园），并改名为“公理战胜”牌坊。

1952年，在北京召开了“亚洲太平洋地区和平友好会议”。会议期间确定要将“公理战胜”牌坊改为“保卫和平”坊。郭沫若先生亲笔为牌坊题字。直到如今，“保卫和平”四个金字牌坊仍洁净如新地屹立在北京中山公园内。（参见228～237图）

图227 在北京总布胡同西口建的“克林德碑”石坊原貌

图229 移至中山公园的“保卫和平”蓝顶大石坊

图228 历尽沧桑的石牌楼其金字匾额现状

图230 凤鸟黑框金字匾

图231 科甲功名大石坊三层匾

图232 陵墓石坊之匾额

图233 小石坊长匾

图234 晋式小额枋木牌楼的匾额和花板

图235 仿木牌楼及仿石匾额

图236 唐式鸱尾顶和瘦金体帝书匾

图237 只有皇帝题字大书匾

牌楼的花板

牌楼的花板是最能突出装饰性的构件，是古典建筑中所独有的特殊构件。牌楼无论是三间五间或七间，中间称为“正楼”两旁称为“次楼”。正楼上挂牌匾，次楼上镶花板。无论是木牌楼还是琉璃牌楼，其花板都是非常精美的艺术品。迎风独立的牌楼，风荷载是非常突出的问题。所以，牌楼的建造者就想方设法减少风的阻力，牌楼的花板就成了首选对象，因此花板的图案一般都做成镂空的，为的是尽量透风。牌楼的上、下额枋间镶小花板。无论是大花板或小花板都是牌楼所特有的构件，也是牌楼的艺术精华所在。（参见238～263图）

图238 官式木牌楼二龙戏珠大花板

图239 官式木牌楼龙凤呈祥小花板

图240 滇式木牌楼“云海腾龙”大花板

天马行空

狮滚绣球

福聚夔龙

麒麟引凤

图241 晋式木牌楼小花板

图242 官式木牌楼“二龙戏珠”大花板

图243 木牌楼“独龙盘做”大花板和祥云小花板

图244 木牌楼浮雕麒麟大花板

图245 木牌楼浮雕天马大花板

图246 石牌楼浮雕人物大花板

图247 石牌楼浮雕人物大花板

图248 石牌楼浮雕人物大小花板

图249 石牌楼浮雕人物大小花板

图250 石牌楼浮雕人物小花板

图251 石牌楼浮雕人物小花板

图252 晋式石牌楼花罩上的高浮雕斗栱及重罩

图253 琉璃牌楼大、小花板

图254 琉璃牌楼“二龙捧寿”大花板

图255 官式木牌楼的“龙凤呈祥”大花板

图256 官式有垂罩木牌楼多层额枋“祥云捧寿”小花板

图257 琉璃砖牌楼的宝相花大小花板

图258 官式石牌楼的云纹大小花板

图259 复建仿木牌楼“二龙戏珠”大小花板

图260 复建仿木牌楼“祥云双凤”大花板

图261 砖牌楼上龙、虎篆字石雕大花板

图262 九拼二龙戏珠琉璃大花板

图263 琉璃牌楼十一拼“二龙戏珠”大花板及卷草小花板

牌楼的立柱

牌楼的立柱是牌楼的重要构件之一。牌楼的立柱不但决定着牌楼的级别，也直接决定着牌楼的质量。

牌楼的立柱有楼柱、戗柱、擎檐柱、冲天柱、高栱柱等。有的砖牌楼看不到柱子，但古典建筑多是先做木架结构然后砌墙，故有"墙倒屋不塌"的说法。

戗柱俗称戗杆。一般的砖牌楼是把柱子砌在墙内的。没有墙面的木牌楼为了防止单片形建筑不至于倾倒而前后都有斜撑的戗杆。为了解决交通问题，上世纪二十年代跨街的牌楼都换上了钢筋混凝土的楼柱，而使牌楼去掉了戗杆。（参见264～292图）

图264 民国时北京地坛牌楼有二十根戗杆

图265 改革开放后重新修建的地坛牌楼

图266 有些木牌楼竟有双加料的戗柱，还有翼角擎檐柱

图267 四面都有戗柱的小额枋木牌楼

图268 亭式木牌楼的次间戗柱

图269 亭式木牌楼从明间看次间戗柱

图270 亭式木牌楼次间的内部结构

图271 方亭式木牌楼的戗柱和连亭

图272 亭式木牌楼的连亭及其内部结构

图273 亭式木牌楼的戗柱侧视

图274 粤式牌楼的石柱和与明间分离的石戗柱

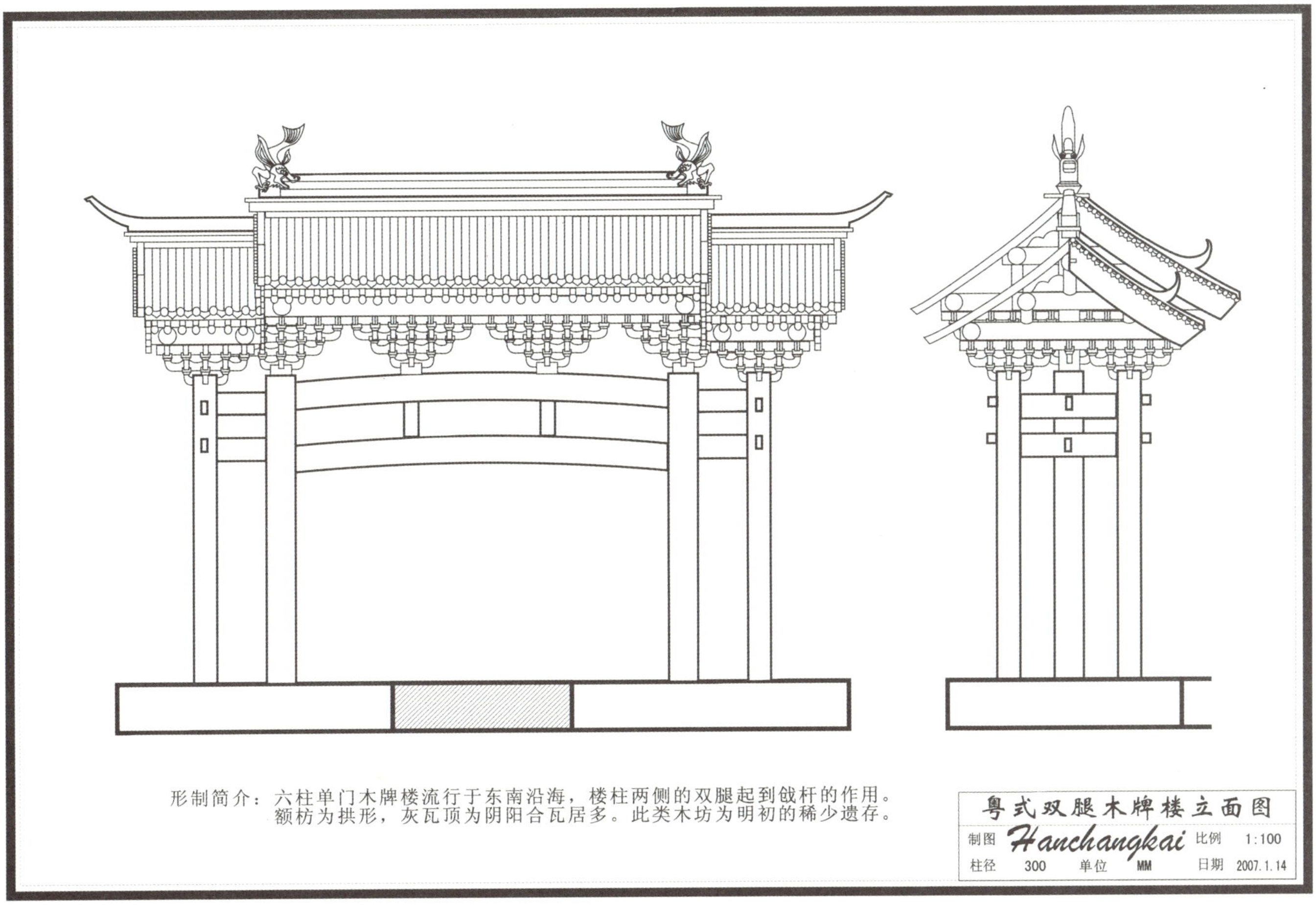
形制简介：六柱单门木牌楼流行于东南沿海，楼柱两侧的双腿起到戗杆的作用。
额枋为拱形，灰瓦顶为阴阳合瓦居多。此类木坊为明初的稀少遗存。
粤式双腿木牌楼立面图
制图 Hanchangkai 比例 1:100
柱径 300 单位 MM 日期 2007.1.14

图275 粤式简易木牌楼示意图

精忠貫日

图276 砖牌楼的砖砌圆柱

海城鮑氏家祠

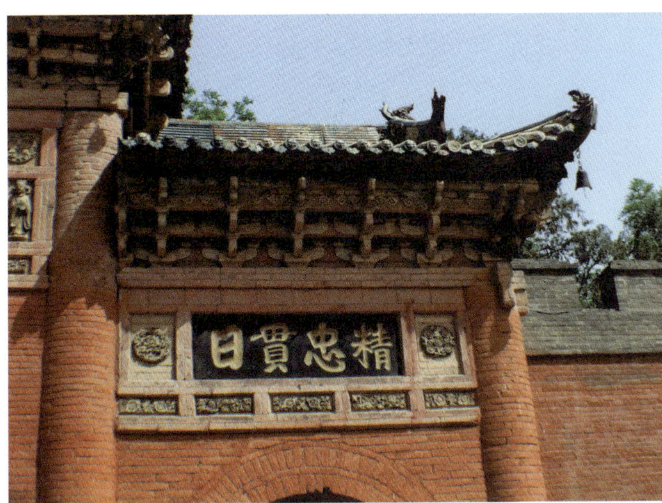

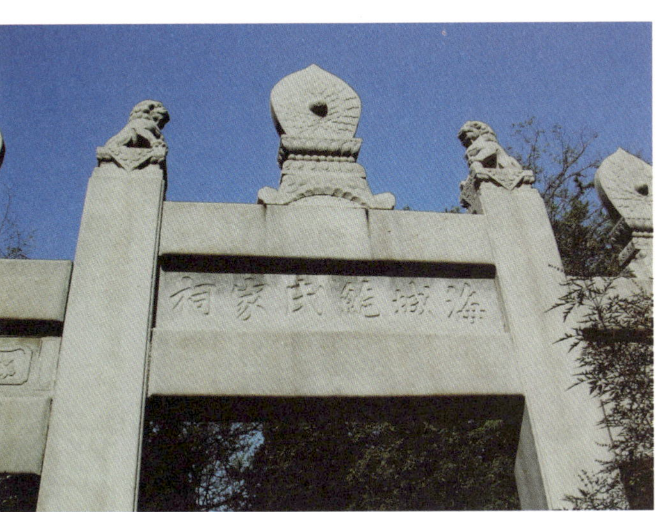

图277 石牌楼的整料方柱

图278 木牌楼侧面外观

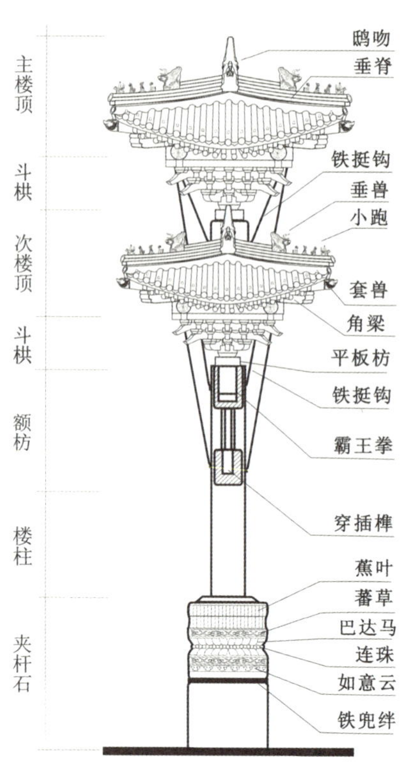

图279 木牌楼侧视图及各部名称

图280 官式木牌楼正面

图281 木牌楼的并合圆柱和擎檐柱

图282 木牌楼的并合方柱和戗柱

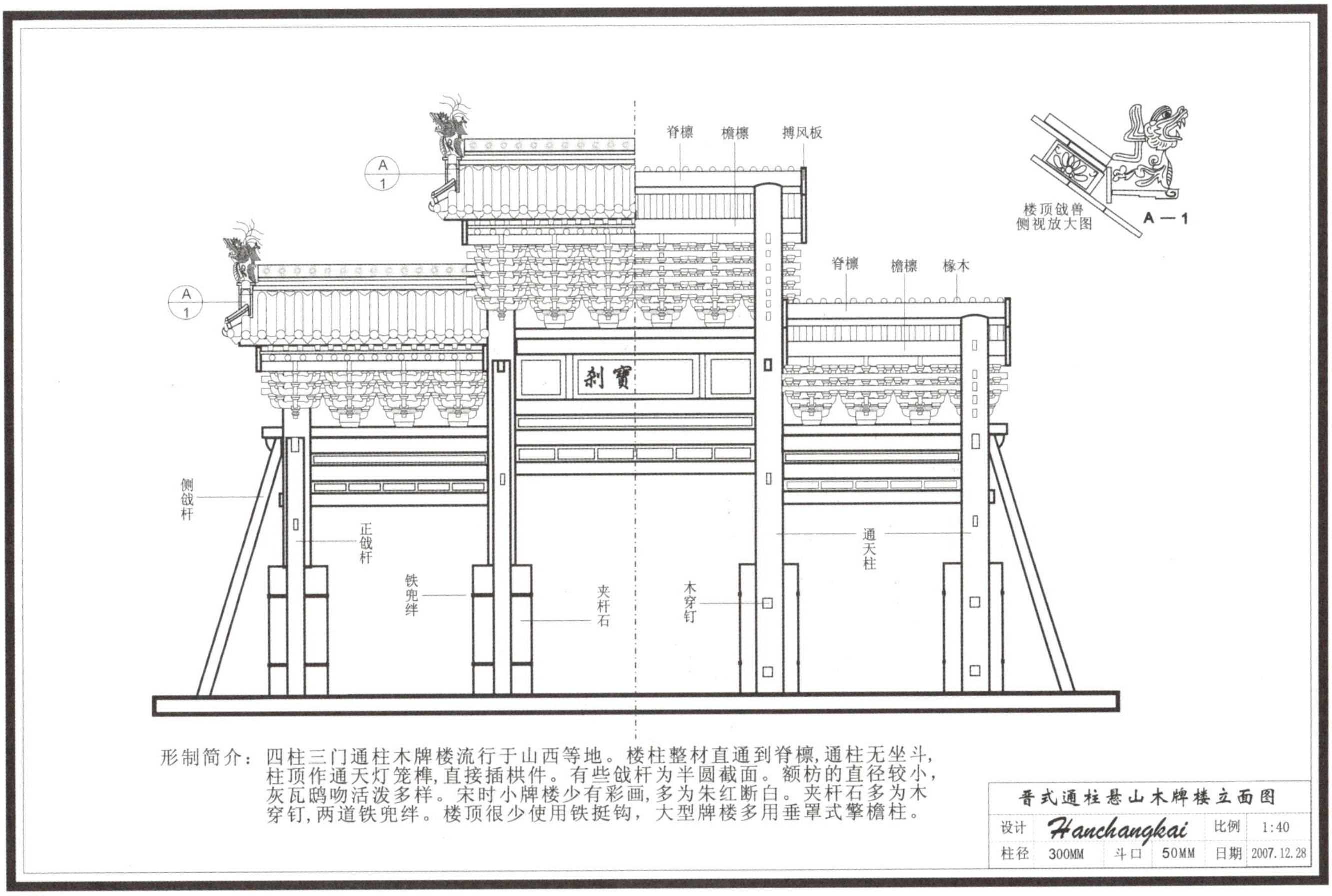

脊檩 檐檩 搏风板

楼顶戗兽侧视放大图

A—1

脊檩 檐檩 椽木

剎寶

侧戗杆

正戗杆

铁兜绊

夹杆石

木穿钉

通天柱

形制简介：四柱三门通柱木牌楼流行于山西等地。楼柱整材直通到脊檩，通柱无坐斗，柱顶作通天灯笼榫，直接插栱件。有些戗杆为半圆截面。额枋的直径较小，灰瓦鸱吻活泼多样。宋时小牌楼少有彩画，多为朱红断白。夹杆石多为木穿钉，两道铁兜绊。楼顶很少使用铁挺钩，大型牌楼多用垂罩式擎檐柱。

晋式通柱悬山木牌楼立面图					
设计	Hanchangkai			比例	1:40
柱径	300MM	斗口	50MM	日期	2007.12.28

图283 晋式木牌楼的通天立柱

图284 无昂木牌楼通天立柱

图285 木牌楼通天立柱

图286 有夹柱的通天柱木牌楼

图287 只有半片柱的小石坊

图288 有冲天柱的小石坊

图289 清代有戗柱的石牌楼

图290 只有单面戗杆的单间木牌楼

图291 木牌楼砖座戗杆

图292 石牌楼的盘龙戗杆

大多戗杆下都有戗兽，这是支持戗杆的柱础。普通的戗兽有方有圆，表面平整无华，高档的戗兽雕有麒麟或狮子。（参见293～299图）

有些木牌楼的楼柱为“冲天式”。这是楼柱冲出楼顶的样式，清代门脸木牌楼和徽式石牌楼多采用此种楼柱。另外，这种冲天柱两侧有的还设有跨楼和垂柱，这种占天不占地的结构使牌楼更加丰富多彩。垂柱也称垂花柱或垂莲柱，这种垂柱更显其装饰性的优势。此外，垂柱也为晋式牌楼提供了楼顶结构的新思路。（参见300～318图）

牌楼的柱子还有个细节就是对联，但通常是在石牌楼的柱子上出现的。有个特点就是明间柱的楹联成对，次间柱的楹联隔着明间柱而成对。（参见319～324图）

古典建筑的柱顶上都有“替木”。它既能加大额枋的受剪承载力，同时也能缩短额枋的跨度。因其外形对称如雀翅故称其为“雀替”。因牌楼柱顶两侧的雀替是单插上去的，所以在结构上的作用就大打折扣。但其和斗栱一样具有很强的装饰性，因而也必不可少。原本它也可以归为斗栱的类别，尤其是官式牌楼的雀替上都有枫栱或棹木，但这种雀替已分离出牌楼的斗栱群体，并都在牌楼的柱顶之上，故将其也特意地分离出来。（参见325～338图）

图293 戗杆的柱础称戗兽

图294 戗兽麒麟

图295 戗兽狮子

图296 小牌楼的上斜戗杆

图297 叠石戗杆

图298 半圆戗杆

图299 方柱盘龙方戗杆

图300 有跨楼和垂花柱的官式冲天柱木牌楼

图301 徽式石坊的冲天柱

图302 有垂柱花罩的晋式木牌楼

图303 有擎檐垂柱的晋式木牌楼

图304 有垂柱花罩的晋式木牌楼结构

图305 石牌楼的冲天柱

图306 木牌楼的垂柱

图307 官式冲天柱木牌楼的云罐及毗卢帽

图308 官式冲天柱木牌楼的云罐荷叶帽

图309 石柱顶麒麟

图310 石柱顶狮子

图311 官式冲天柱木牌楼

图312 苏式冲天柱石牌楼

图313 滇式冲天柱石牌楼

图314 滇式冲天柱石牌楼全貌

图315 官式冲天柱石牌楼

图316 有四照壁的满云精雕冲天柱石牌楼

图317 徽式冲天柱八柱三间石牌楼

图318 牌楼雕龙石柱

图319 石坊上的对联

图320 官式石坊的对联

图321 砖牌楼上的对联

图323 有对联的小石坊

图322 有对联的石牌坊

图324 乾隆题联坊

图325 官式木牌楼的雀替

图326 官式木牌楼明间雀替

图327 官式木牌楼次间雀替

图328 晋式木牌楼雀替

图329 滇式木牌楼雀替

图330 晋式木牌楼三福云雀替

图331 江南称为梁垫的小雀替

图332 无柱的滇式砖牌楼

图333 无楼柱的滇式木牌楼及其擎檐柱

图334 滇式牌楼的擎檐柱

图335 晋式牌楼的擎檐柱

图336 滇式通柱木牌楼及擎檐柱

图337 晋式牌楼的通柱及花罩式擎檐柱

图338 通柱及花罩式擎檐柱

牌楼的夹杆

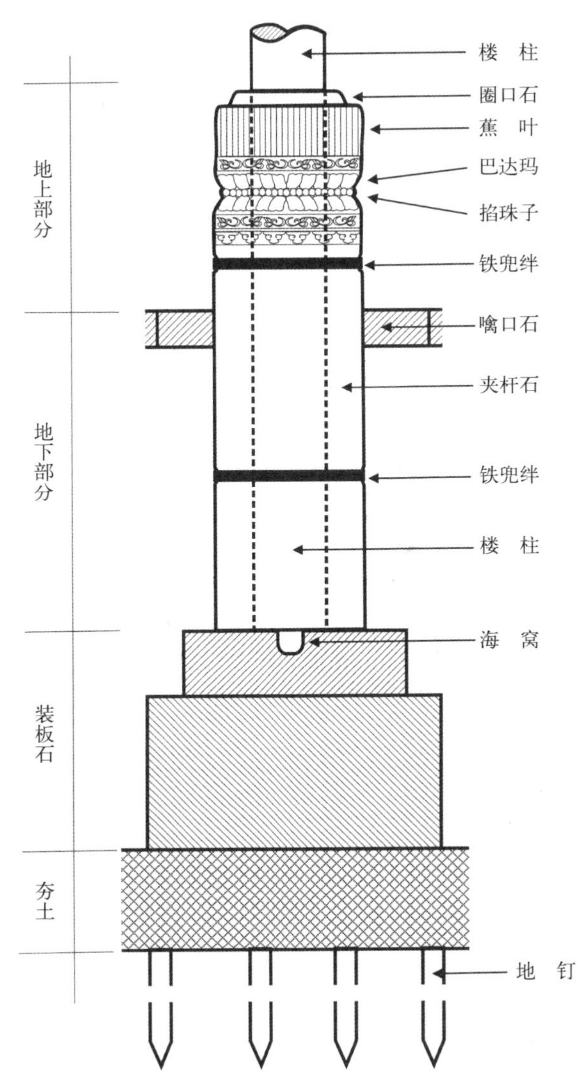

图339 官式牌楼夹杆石构造

为了加强牌楼的稳定性，大多木牌楼都有夹杆石或抱鼓石。木牌楼用夹杆石保护楼柱；琉璃砖牌楼用石雕须弥座；石牌楼多用抱鼓石。抱鼓石也起到戗杆的作用，是石坊所特有的夹杆石。抱鼓石起源的确切年代无从考证，至晚在唐代就很流行了。抱鼓石的全名应为"壶瓶牙子抱鼓石"。因为其"圆鼓子"是夹在壶瓶状的戗石上的。在古代民居的大门两侧也立有抱鼓石，不过这种抱鼓石是和门枕石同为一体的。门枕石中间有夹门槛的槽口，门槛前是抱鼓石，门槛后是托门轴的"海窝"。抱鼓石在江南地区称"圆鼓子"或称为"砷石"。有人说门前的抱鼓石是武将宅院的标志，文官是用方门礅。这种说法是没有任何根据的，江南连书院门前都用圆鼓子，并没有文武之分。在古代的衙门口早有"击鼓升堂"的诉讼制度。无论何时只要有人敲击衙门口前的大鼓，官老爷立刻就得升堂。过去的坊门前都立有随时可以悬挂"弹劾表"用的"诽谤木"。自汉代又在衙署门前高悬了一面大鼓，以供百姓随时举报。故后来的府地宅门之前为显示地位并标榜民主也多在门前设石雕 "门鼓"。也称：抱鼓石、圆鼓子、砷石。（参见339～340图）

图340 汉代画像砖上击鼓喊冤的插腰民女

古代门前的抱鼓石倒是有级别限制的。多么有钱的商人豪宅也不准用抱鼓石，只能用“方幞头”即方门礅。抱鼓石只能是有级别的官宦人家门前才有权使用，在古代门前立抱鼓石是地位的象征，更高级别的官宅用雌雄两大石狮。在等级森严的封建社会里，等级观念非常强烈，“僭制”是会杀头的。（僭jiàn：超越身分，冒用在上者的职权、名义行事。）（参见341～355图）

官式砖牌楼大多用石雕须弥座为柱础。滇式牌楼的两侧大多用砖墙来加强牌楼的稳定性。而这些砖墙下也多用须弥座。这须弥座又被称为：金刚座、须弥坛。其名源自印度，原系安置造像的台座。当初释迦牟尼在菩提树下的一大天然石块上打坐参禅，顿悟出只有“无我”才可除却一切烦恼的理念，于是成“佛”（大觉之意），从而开始传道。后人对释迦牟尼打坐的石块称为须弥座。我国最早的须弥座见于云冈北魏石窟，这是国人对佛教不断汉化的产物。唐代后须弥座有了固定的模式而流传于寺院建筑。宋、明、清时又被再次程式化，并在官式建筑中定型。并对须弥座各层都有了固定的名称。(参见356～368图)

图341 徽式石牌楼抱鼓石

图342 苏式木牌楼抱鼓石

图343 官式石牌楼云纹抱鼓石

图344 晋式石牌楼抱鼓石

图345 滇式木牌楼的云龙抱鼓石

图346 滇式牌楼特高抱鼓石

图347 官式牌楼宝相花抱鼓石

图348 木牌楼圆筒式夹杆石

图349 官式木牌楼夹杆石

图350 苏式牌楼三面抱鼓石

图351 滇式牌楼的侧墙

图352 有侧墙的滇式牌楼省去了戗杆和抱鼓

图353 滇式牌楼的须弥座

图354（左）滇式牌楼集抱鼓门兽须弥座为一身

图355（右）滇式牌楼门兽须弥座

图356 官式砖牌楼或石牌楼的须弥座其各部名称

图357 木牌楼有铁穿钉的夹杆石

图358 木牌楼有木穿钉的夹杆石

图359 木牌楼有双穿钉的夹杆石

图360 石柱木牌楼有穿钉的夹杆石

图361 有双木穿钉的夹杆石

图362 石牌楼的抱鼓和鱼龙

图363 石牌楼的抱鼓和石狮

图364 普通木牌楼“寿与天齐”夹杆石

图365 皇陵石坊“寿与天齐”夹杆石

图366 夹杆石顶的降魔云及狮子

图367 团寿夹杆石

图368 夹杆石顶的独角獬豸

牌楼的额枋

图369 官式木牌楼的金龙合玺大额枋

牌楼的额枋实际就是大梁。而在古典房屋建筑中连接柱间的纵向构架称梁，连接柱间的横向构架称桁或枋。没有纵向构架的牌楼，这大梁只能称为额枋了。

木牌楼柱间的额枋一般的分为两层，上层称大额枋下层称小额枋。四柱三间的牌楼，中间称明间，两侧称次间。六柱五间的牌楼端头两侧称梢间。传统木牌楼梁枋间的连接都用穿插式的榫卯结构。明间大额枋的长度超出明柱，故称龙门枋。（参见043图）

官式木牌楼的额枋之上都有平板枋，也有些牌楼没有平板枋，斗栱直接落在额枋上。也有的牌楼额枋用材较小且用通天柱。与冲天柱不同的是通天柱不冲过脊，柱头上不用大坐斗而是直接通到脊檩处。（参见369～375图）

图370 官式木牌楼的多层额枋

图371 多层额枋的石牌楼

图372 小额枋通天柱单间木牌楼

图373 小额枋通天柱大木牌楼

图374 小额枋木牌楼

图375 木牌楼垂罩小额枋

各式门牌楼

棂星门

棂星门在牌楼中占有特殊的地位。棂星，本称：灵星，二十八宿中属角宿。《隋书·天文志》载："角北二星曰：天、田。"汉代刘邦假托灵星护佑称帝后，命百姓祭祀天田星，作为祭天的头等要事。宋仁宗天圣六年（公元1028年）筑郊坛外垣，以唐代"乌头门"式样建置"灵星门"。自宋代以后"灵星门"被移用于孔庙。儒家又把祭祀孔子当作祭天，从此"灵星牌楼"演变为祭天的仪规。因灵星牌楼门有多条木棂的栅栏，故匠人又把"灵星"误传为"棂星"。门窗的棂条，古代也写为：欞、欛。"灵星门"多用在祭祀场所。有些棂星门上也有匾额，上书"欞星门"三字。有些坛庙石门没匾的也称：欞星门。欞星门多有栅栏式门扇。欞星门也属于牌楼之类。（参见376～383图）

还有一种称为"二柱门"的棂星门，它的作用与"垂花门"式的棂星门是一样的。这种棂星门只是用来区分祭祀仪仗的区域的。

皇帝出殡用六十四杠，灵柩抬到帝陵的龙凤门前就要换小乘，而到了二柱门就要换更小乘，再次祭祀后以便将灵柩抬进地宫。所以这种"二柱门"式的棂星门只在帝陵中出现。（参见384～386图）

图376 地坛双层棂星门石牌坊

图377 祭祀专用的"垂花式"棂星门

图378 明代棂星门木牌楼

图379 滇式棂星门

图380 祭坛棂星门

图381 皇陵棂星门

图382 皇陵三门四照壁的棂星门
也被称为龙凤门或“天门”

图383 帝陵前的五门棂星门也称龙凤门或“天门”

图384 “二柱门”式的棂星门

图385 石雕棂星门

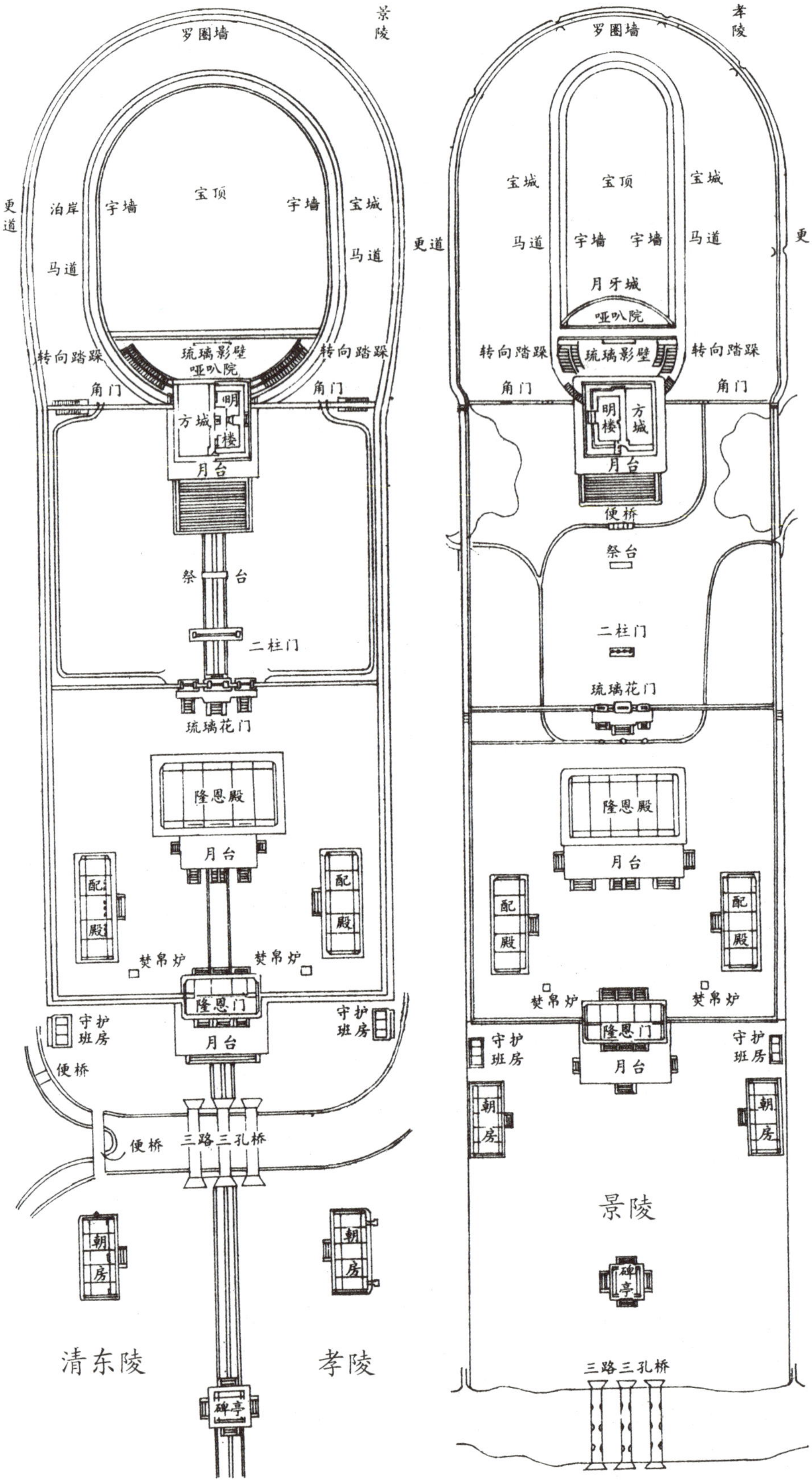

图386 “二柱门”所在的位置

阙式门牌楼

另有一种牌楼自汉代流传至今，称为阙。汉代流行砖石阙式楼，其特点是基座下大上小，楼顶为下小上大。阙式楼在汉代常作为阴宅或阳宅的大门。明代的故宫的午门是阙式楼发展到极致，对称的午门故有左阙门和右阙门。（参见387～391图）

洋牌楼

中西结合式门牌楼是受西方的影响而中西结合样式的门牌楼，最早在清末，故宫东华门外将练兵场开辟为“东安市场”。门前修有中西结合式的门牌楼。这种建筑形式随着清末的“洋务运动”流传至大江南北。（参见392～398图）

图387 四川雅安汉代双阙遗存

图388 四川皇泽寺阙楼

图389 汉代阙楼画像砖

图390 四川朝天阙式牌楼

图391 云贵地区的阙式牌楼

图392 清末“东安市场”的门牌楼

图393 四川大邑中西结合式的门牌楼

图394 中西结合式的门牌楼

图395 大邑砖雕门牌楼

图396 精细砖雕的门牌楼

图397 清末北京三贝子花园中西结合式门牌楼

图398 动物园门口牌楼的大花板

花门砖牌楼

琉璃花门是宫墙上的一种随墙式砖牌楼，因多为三个门并排而立，故俗称“三座门”。这也是官式砖牌楼的另类。这种门牌楼的门柱下都有“须弥座”。（参见399～400图）

民居门牌楼

在各式门牌楼中民居门牌楼是最普及的一种形式。徽式小院流行门牌楼只是九牛之一毛，几乎江南各地与院墙相连的门牌楼无处不在。这和古代的城镇管理街坊制有着直接的关系。这也是牌坊在中国人心中根深蒂固的情结所在。北方的门楼是专为安门而建的房子，而门牌楼还不是同一性质，它只是坊墙的坊门。（参见401～408图）

全国各地各式牌楼举不胜举，很难做出完整的收集。即使是同一类型的牌楼，在局部结构上也有很多变化。即使是官式牌楼在不同的年代也会有不同的规制。

图399 花门黄琉璃砖牌楼

图400 花门绿琉璃砖牌楼

图401 苏州衣架锦门牌楼

图402 云南白族门牌楼

图403 四川一带流行门牌楼

图404 福建汀州门牌楼

图405 四川羌族门牌楼

图406 大理砖雕门牌楼

图407 青海藏族门牌楼

图408 明代王府门牌楼

牌楼的彩画

彩画是中国古代建筑最经典的部位之一。古代建筑彩画不但有官式和民间的区别，还有地域和年代的区别。即便是同样的建筑形式还有等级的区别。总之彩画的分门别类各有特点。古代建筑彩画的最高等级为“和玺彩画”。和玺彩画是以“M”形圭线图案和龙凤为主题的彩画。其实，宋代《营造法式》和清代的《工程做法则例》这些国家级的施工规范里都没有“和玺”二字。清《工程做法则例》中只有“合细”的名称。合，全部；细，精致细密也。“和玺”本与皇帝的印玺没什么关系。“和玺”之词出现在清代中晚期，约定俗成“和玺”的称谓沿用至今。牌楼的彩画很少有用“和玺彩画”的。牌楼的彩画大多采用“旋子彩画”。（参见409～411图）

图409 三十年前牌楼和玺彩画贴金如新

图410 木牌楼旋子大点金的“金凤戏牡丹”盒子藻头

无论是“和玺彩画”还是“旋子彩画”，这些由宫廷独占的彩画形式因过于程式化使其严肃有余而活泼不足。这使民间出身的“苏式彩画”异军突起。自宋代由江南苏州一带的民间画师形成的画派，其最大的特点就是不受程式化的拘束。尤其是以“包袱”为中心的重点部位几乎都由画师即兴创作。自从这类彩画被皇家所认可后，又形成了固定的彩画模式，清代被正式定为：“苏式彩画”。以“苏式彩画”为基础的另类彩画，流行于云贵地区的彩画比苏式彩画更加活泼艳丽而被称为“滇式彩画”。（参见412～413图）

图411 官式木牌楼旋子大点金彩画

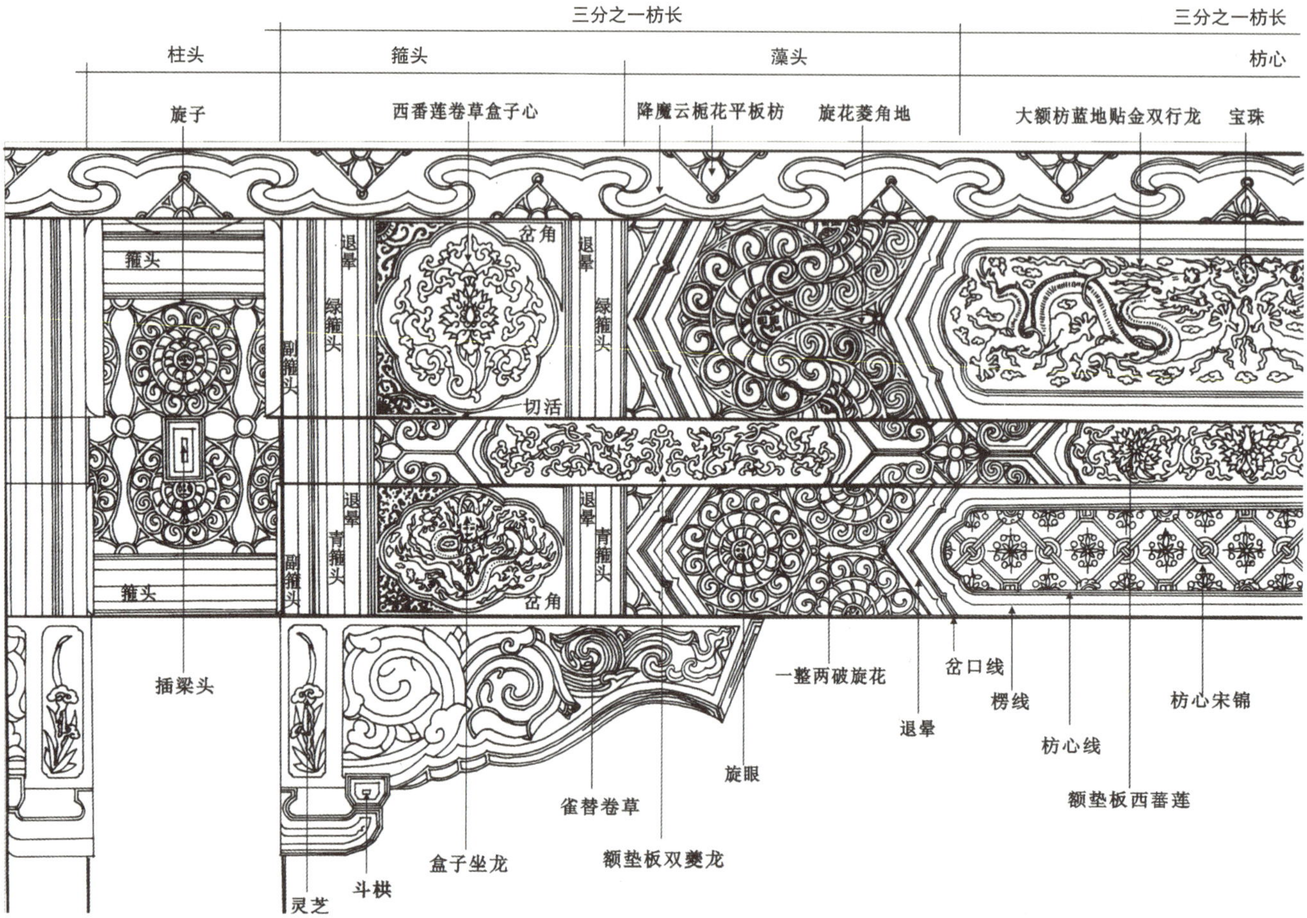

三分之一枋长
三分之一枋长
柱头
箍头
藻头
枋心
旋子
西番莲卷草盒子心
降魔云栀花平板枋
旋花菱角地
大额枋蓝地贴金双行龙
宝珠
箍头
退晕
岔角
绿箍头
副箍头
切活
退晕
青箍头
副箍头
岔角
箍头
插梁头
一整两破旋花
岔口线
楞线
枋心宋锦
退晕
枋心线
旋眼
额垫板西蕃莲
雀替卷草
盒子坐龙
额垫板双夔龙
斗栱
灵芝

图412 官式木牌楼旋子大点彩画局部

图413 官式木牌楼旋子大点金彩画各部位名称

旋子彩画有固定的程式，在额枋上大体由箍头、藻头和枋心组成。箍头的中心图案为“盒子”。无论是“和玺彩画”还是“旋子彩画”，都有这种“盒子”，也许这就是“合细”名称的源头吧？这“盒子”内画有坐龙或金凤，也有画西蕃莲和卷草的。“藻”乃华丽也，画匠对藻头也有称：“找头”的，这是因为此段是调整图案长短的。枋心图案或跑龙、翔凤或为“宋锦”。这些固定的彩画模式一直被皇宫所独占。（参见414图）

民间的彩画远离“官式”反而更精彩。山西解州关帝庙的晋式连亭木牌楼本来就很特殊，这座木牌楼的彩画就更特殊了。其外部采用的是“华红彩画”，其亭内采用的却是“雄黄玉彩画”。简直到了画不惊人死不休的地步。还有滇式彩画更有这个特点，其用色之大胆反差之巨大也是到了令人惊奇的地步。粤式彩画更是让人眼花缭乱。（参见415～417图）

图415 晋式木牌楼的外部用较为特殊的“华红彩画”

图416 晋式木牌楼的内部用较为特殊的“雄黄玉彩画”

图414 官式木牌楼的宋锦及金凤彩画

图417 粤式彩画的绚丽色彩

无论是何种形式的古典彩画，首先都要做彩画的基层——地仗。这是一层非常坚固的灰壳。油饰彩画前，在木构件表面用砖灰、桐油，血料等调制基层。地仗又分十几道工序，分别有：斩砍材、撕缝、下竹钉、汁浆、捉灰缝、扫荡灰、披麻、磨麻、压麻灰、披中灰、披细灰、钻生等工序。即使在钢筋混凝土的结构上做彩画，也必须做一层地仗，以使彩画或贴金能牢靠地附着在上面。

地仗基层做好后就开始拍谱子。新做彩画要根据设计的尺寸按规制绘制。古代建筑的翻建或修缮就要将旧有的彩画拓下来，再根据拓样画在牛皮纸上。在牛皮纸的墨线上用针扎孔，此称“扎谱子”。将扎好的谱子用粉扑在梁枋上拍打，此称“拍谱子”。（参见418～419图）

为了使彩画的线条具有立体感，用土粉子与大白粉各半加胶在线条上沥粉。然后再逐步进行刷大色、刷小色、拉大粉、压老、打金胶、贴金……经过十几道工序才能完成全部彩画。（参见420～425图）

彩画贴金多采用“库金”，即国库中的纯金。含金量为98%，故又称九八金箔，其他2%为银及其他稀有材料。由于含金量高，色彩表现为纯金色，库金用于室外，十数年宝色不变。传统金箔的加工是用指甲盖大小的金片，经过两万五千多下的人工锤打，加工成比头发丝还细五分之一的超薄金箔。

三雕胜彩画

牌楼的彩画是封建皇家的专利，民间是不允许涉足的。只有敕建的寺庙还能施展一下能工巧匠的点滴才华。于是各地的牌楼以木雕、砖雕、石雕为巧夺天工的绝技而被称为“三绝”，这使得官式牌楼反而自愧逊色。（参见426～444图）

图418 磨地仗

图419 拍谱子

图420 刷大色

图421 刷小色

图422 拉大粉

图423 打金胶

图424 压老

图425 贴金

图426 乐山牌楼石雕艺术

图427 粤式牌楼镂空石雕

图428 晋式牌楼石雕

图429 苏式牌楼石雕

图430 台北奉天宫粤式牌楼石雕

图431 徽式牌楼石雕

图432 晋式牌楼石雕着彩画

图433 五台山牌楼石雕

图434 明间石雕牌楼雀替

图435 次间石雕牌楼雀替

图436 晋式牌楼木雕替木

图437 徽式牌楼木雕大斗

图438 徽式牌楼木雕额枋

图439 晋式牌楼木雕竖柴

图440 徽式门牌楼砖雕

图441 徽式门牌楼砖雕

图442 滇式门牌楼彩画砖雕

图443 徽式牌楼石雕

图444 晋式牌楼石雕

各式牌楼

虽然能把牌楼作出了各种的分类，以便分别研究，但中国地大物博，许多各式各样奇形怪状的牌楼都难以归类，不过无论如何为牌楼分类，牌楼的标志性、纪念性、装饰性的本质是千古不变的。正因为如此，这种建筑形式才会不断地发展和更加丰富起来。

下面以几种不同形式的牌楼加以简略的分述：

在古代民间广泛流行的彩牌楼，根据史料记载我国从唐代就有"结彩"的习俗。而用牌楼这一形式结彩早已成为非常普遍的民俗。从宋代的《清明上河图》或康熙年间王原祁画的《万寿盛典图》中，我们即可看到彩牌楼已成当时非常普遍的民俗了。(参见445～460图)

现代的建筑材料层出不穷，目前，在全国各地又修建了无数钢筋混凝土的仿古牌楼。有些设计者并不了解牌楼的深层内涵，只从外形上简单地模仿，急功近利地粗制滥造。这不光单是设计者缺乏传统建筑的基础理念，同时也是对民族传统文化的玷污和对景观

图447 民国时在葬礼上用彩牌楼的形式纪念孙中山先生

图445（下左）宋《清明上河图》中的彩牌楼

图446（下中）清代王原祁绘《万寿盛典图》中的彩牌楼

图448（下右）改革开放初街头搭建起彩牌楼庆祝节日

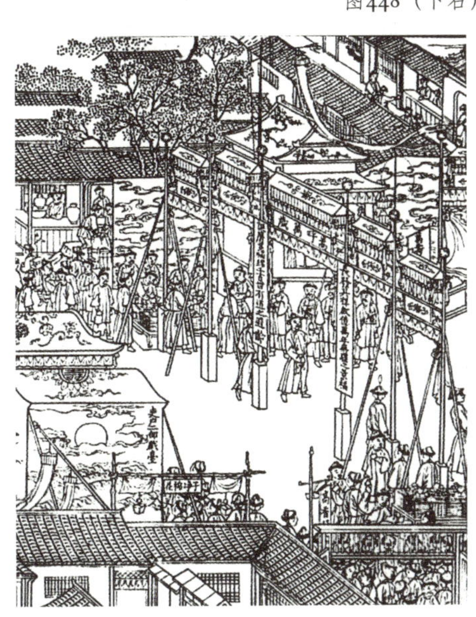

图449 解放初厦门喜庆彩牌楼

图450 昆明街头内装照明灯的彩牌楼

图451 用竹子搭建的竹牌楼

图452 傣式竹制门牌楼

图453 傣式牌楼

图454 徽式门牌楼

图455 侗寨风雨亭式牌楼

图456 藏式牌楼

图457 粤式廊桥牌楼

图458 清代设计的晋式“鸡爪”木牌楼

图459 粤式砖牌楼

环境的污染。

马克思说：“追求美是人类进步的表现”无论是传统的继承还是革新的创作，都是人类孜孜追求美的精神表现。而且人类对美的追求是无止境的。传统建筑是美的物化，传统建筑是中华民族传统文化的重要载体，“只有民族的才是世界的！”随着历史的发展传统建筑也在不断的创新，这种发展和创新必须建立在继承的基础上，如果对建筑形式只知其然不知其所以然，就会产生表层的模仿而失去深厚的文化内涵。继承是发展的基础，发展是继承的生命。传统牌楼正承托着民族文化生生不息。

图460 古人设计的奇特木牌楼

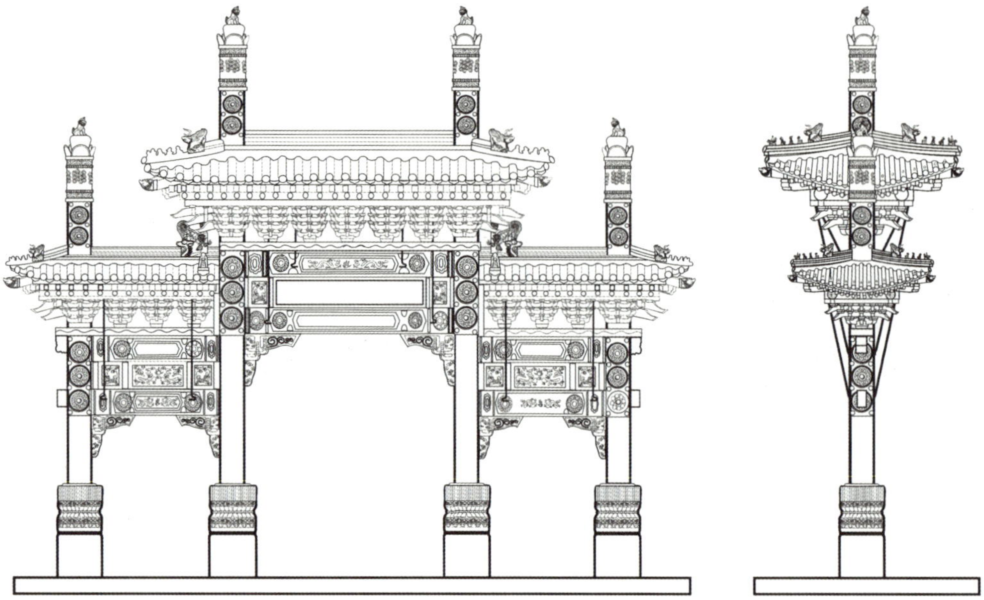

官式牌楼:一般冲天柱官式牌楼的楼顶多在两柱之间盖小顶。 此类大楼顶的冲天柱牌楼较少见。

图461 大楼顶冲天柱官式牌楼

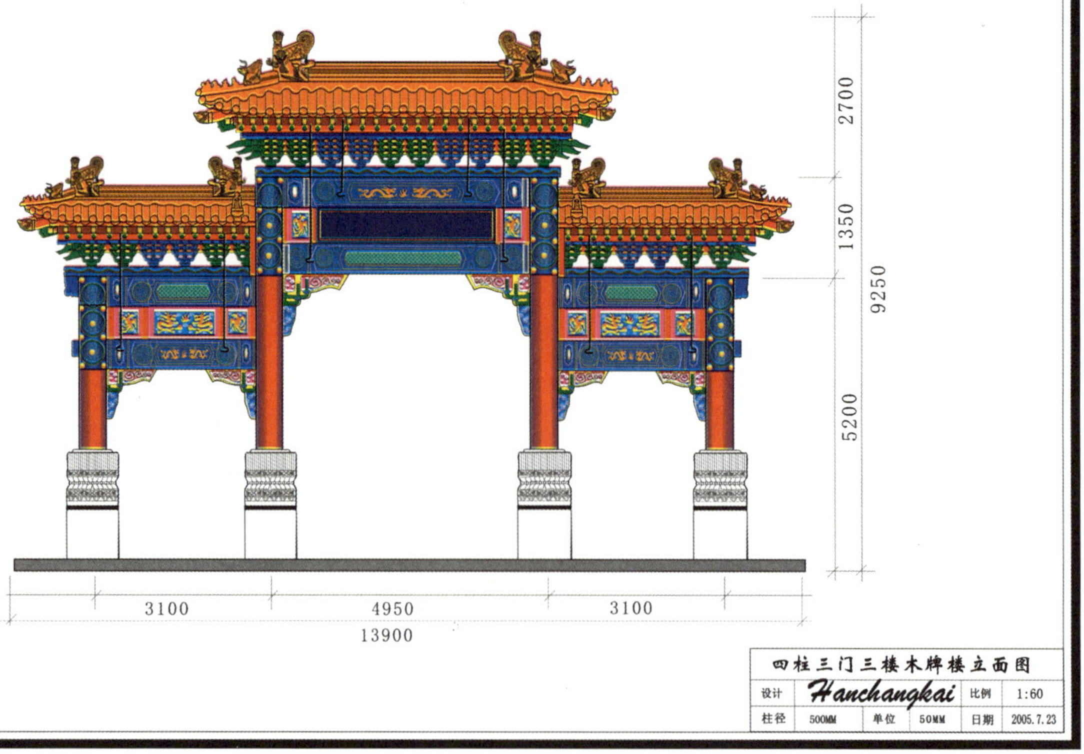

2700
1350
9250
5200

3100 4950 3100
13900

四柱三门三楼木牌楼立面图					
设计	Hanchangkai			比例	1:60
柱径	500MM	单位	50MM	日期	2005.7.23

图462 仿木牌楼立面图

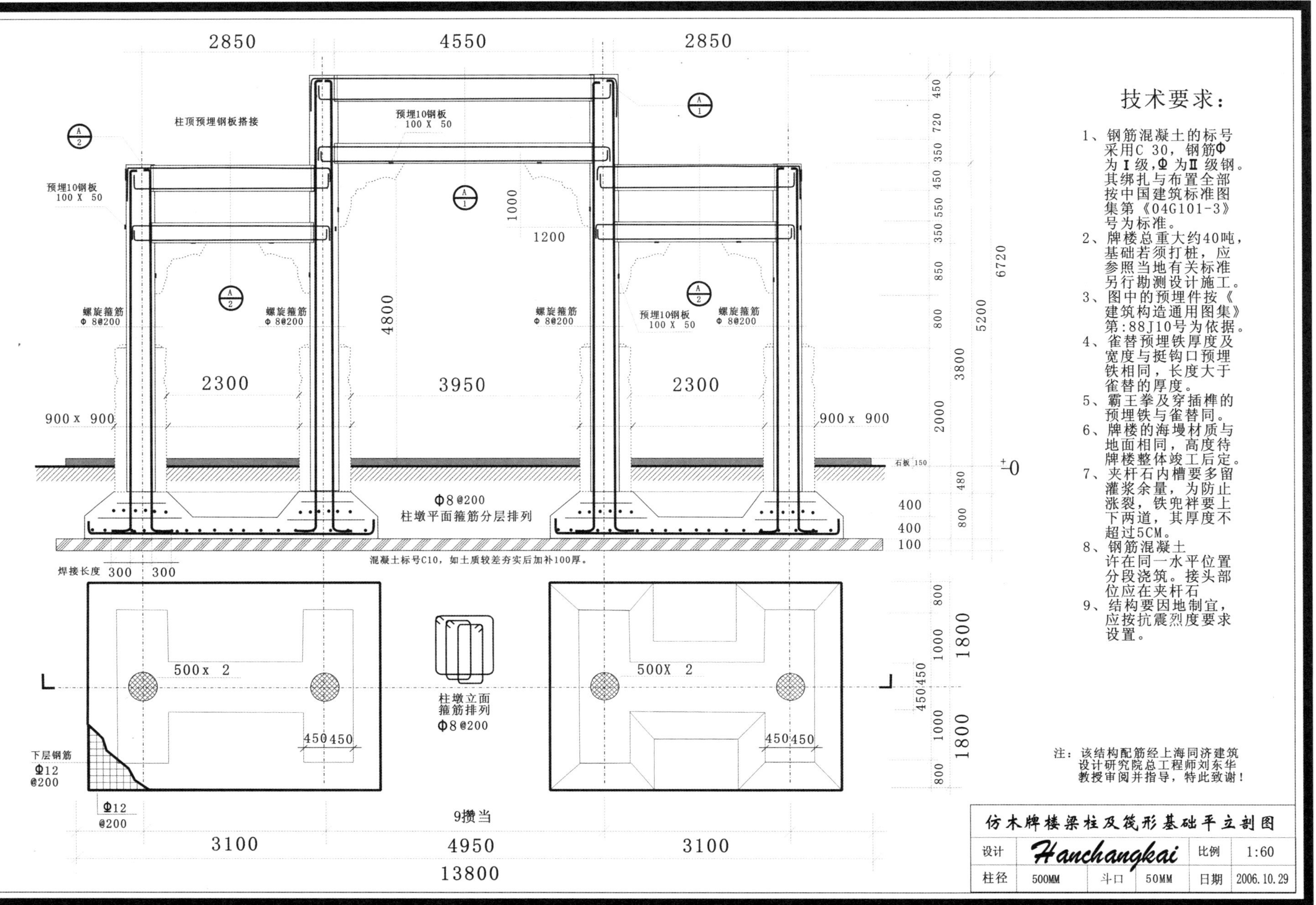

图463 仿木牌楼混凝土基础

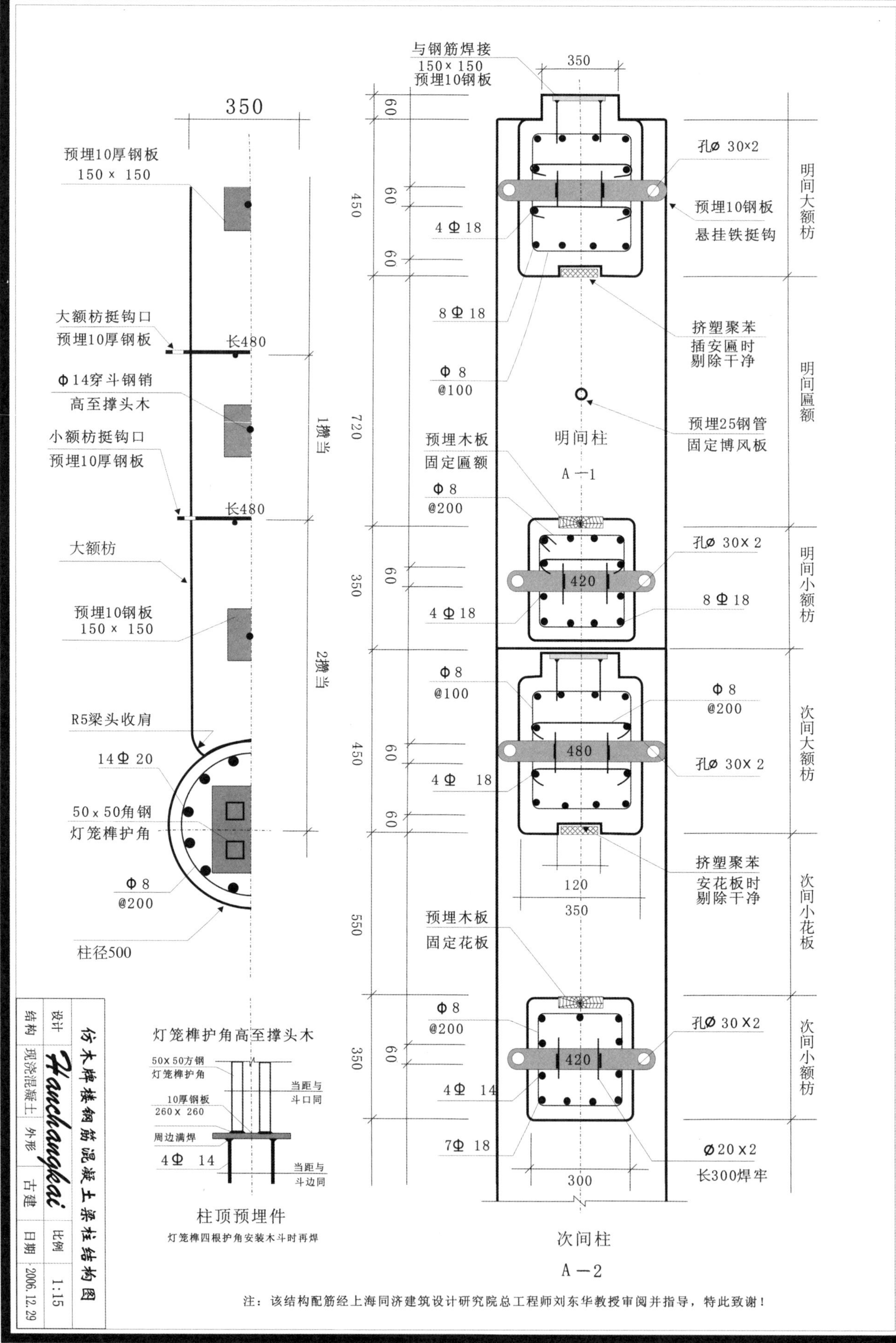

图464 仿木牌楼砼结构配筋图

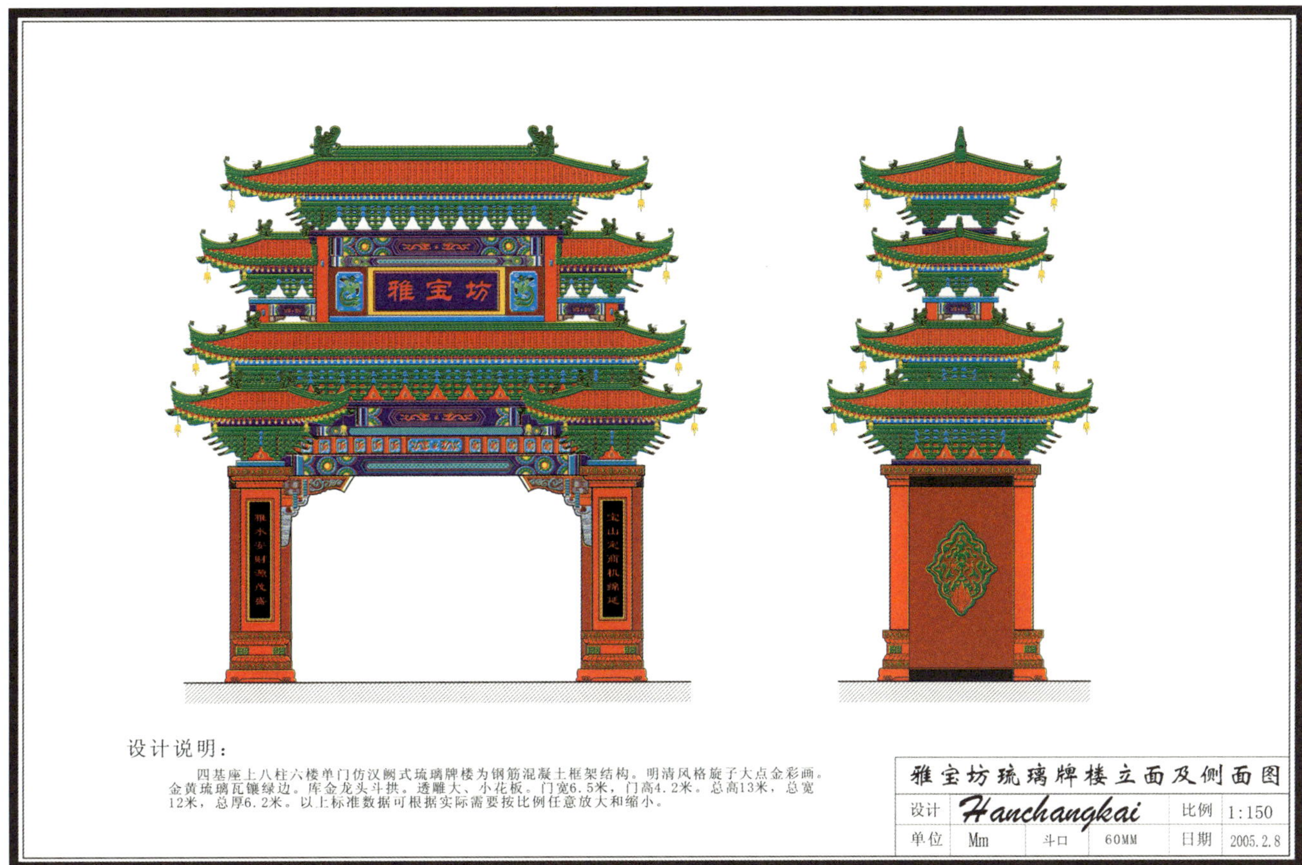

图465 雅宝坊琉璃牌楼

图466 中华牌楼示意图

随着中国的崛起，中华民族在世界人们的眼中早已由“东亚病夫”，变成了“东方醒狮”。近年来世人目睹了中华人民共和国的经济腾飞，人们总想从更广更深地层次了解中国。完整的中华民族的历史，使更多的人了解到博大精深的中国传统文化之深厚魅力。尤其是承载着中国传统文化、民族精神、建筑艺术、民俗风情的中华牌楼，竟成了中华民族的形象代表。

衷心地希望通过对牌楼的介绍，能够达到传播中华民族传统文化、树立民族自信心的意愿！